来阳个人作品　阅览室表现

来阳个人作品　日式庭院景观表现

**第2章 椅子模型**

**第3章 餐具材质**

第4章　景深效果

第7章 中庭景观表现

中庭玻璃材质

中庭竹子材质

第5章 酒杯产品表现

来阳个人作品
高校校区建设鸟瞰表现

第8章 办公空间景观表现

办公空间白色砂石材质

办公空间玻璃材质

办公空间植物叶片材质

办公空间石头材质

第9章 北欧简约客厅渲染图

简约客厅沙发材质

简约客厅环境材质

简约客厅窗帘材质

简约客厅地毯材质

第10章　法式风情别墅渲染图

风情别墅水泥材质

风情别墅铸铁材质

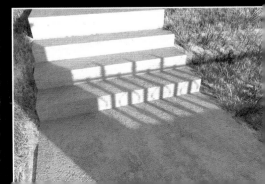

风情别墅叶片材质

风情别墅砖墙材质

# 第11章 仿古建筑外观渲染图

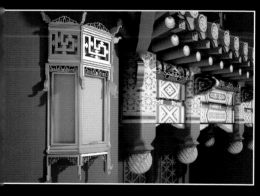

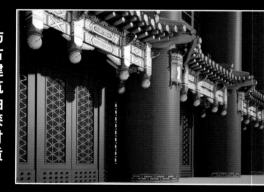

仿古建筑金属材质

仿古建筑油漆材质

仿古建筑渲染阴影效果对

仿古建筑台阶材质

渲染王

来阳 / 著

# 3ds Max / VRay
## 项目案例表现技术精粹

清华大学出版社

北 京

## 内容简介

本书是一本讲解使用中文版3ds Max 2016和VRay 3.0来进行制作项目案例表现的技术性图书,力求从"真实的表现"出发,将作者来阳多年的工作经验融入其中,深入剖析项目案例的制作流程,内容包含3ds Max建模、灯光、摄影机、材质、VRay渲染及图像后期处理的一整套项目制作技术。本书面向初学者及具备一定软件技术的从业人员,同时也是可以让读者快速而全面掌握3ds Max 2016和VRay 3.0的一本必备参考书。全书内容以制作项目的工作流程为主线,通过实际操作,使读者熟悉软件的相关命令及使用技巧。

本书非常适合作为高校和培训机构环境艺术专业的培训教材,也可以作为3ds Max 2016和VRay 3.0自学人员的参考用书。

**图书在版编目(CIP)数据**

渲染王3ds Max/VRay项目案例表现技术精粹 / 来阳 著. -- 北京 : 清华大学出版社,2016
ISBN 978-7-302-43555-6

Ⅰ. ①渲… Ⅱ. ①来… Ⅲ. ①室内装饰设计－计算机－辅助设计－应用软件 Ⅳ. ①TU238-39

中国版本图书馆CIP数据核字(2016)第081971号

责任编辑:陈绿春
封面设计:潘国文
责任校对:徐俊伟
责任印制:何  芊

出版发行:清华大学出版社
      网　　址:http://www.tup.com.cn,http://www.wqbook.com
      地　　址:北京清华大学学研大厦A座　　　　邮　　编:100084
      社 总 机:010-62770175　　　　　　　　　邮　　购:010-62786544
      投稿与读者服务:010-62776969,c-service@tup.tsinghua.edu.cn
      质 量 反 馈:010-62772015,zhiliang@tup.tsinghua.edu.cn
印 刷 者:北京鑫丰华彩印有限公司
装 订 者:三河市溧源装订厂
经　　销:全国新华书店
开　　本:188mm×260mm　　　印　　张:20　　　插　　页:4　　　字　　数:516千字
版　　次:2016年8月第1版　　　印　　次:2016年8月第1次印刷
印　　数:1~3500
定　　价:79.00元

产品编号:068614-01

序

　　近年来，学习三维图像制作技术的人日渐增多，相关的专业软件也逐渐丰富，计算机三维图像技术逐渐成为了教育、就业的一个热点。其中，Autodesk公司出品的旗舰级别动画软件3ds Max可以说是目前世界上使用最为广泛的动画软件，并且也是业界公认的有主导地位的应用软件，其产品可以应用在虚拟现实、建筑设计、游戏美工、影视制作等多个领域的工作流程之中。

　　虚拟现实是一个年轻的行业，一个生机勃勃的行业。在虚拟现实工作流程中的三维模型导入中，3ds Max可以为技术人员提供切实可行的解决方案，配合伟景行生产的三维地理信息平台软件，可以轻易完成城市信息可视化及各行业的大数据可视化数字沙盘的项目制作。

　　使用3ds Max的用户量虽然庞大，但是由于3ds Max软件本身的学习门槛较高，学习内容繁多，导致优秀人才匮乏。一个好的3ds Max从业人员，除去本身的艺术功底外，还要能够熟练掌握3ds Max软件各种功能和应用技巧，并加以活学活用。作为软件教学中的重要环节，《渲染王3ds Max/VRay项目案例表现技术精粹》这本书的成功之处在于对大量一手案例进行了详细的制作过程描述和应用技巧分析讲解。书中的案例式教学在帮助读者掌握3ds Max软件基础技术和渲染制图技巧方面大有裨益。读者可由浅入深地掌握建模、材质、灯光及渲染等不同领域的知识点和技术难点，并且发掘出软件本身的潜力。

　　来阳是我相处多年的老同事，我们曾一起就职于北京第五映像空间动画制作有限公司工作，也曾一起开过公司，他是一个工作负责，并热爱钻研软件技术的人。多年来自于影视动画制作一线的项目经验使得他对3ds Max软件的应用技术飞速提高，来阳在专业技术领域达到了相当的高度，他所写的书跟他制作的那些项目作品一样认真、精致、细腻。

　　我相信，随着读者对本书的学习与掌握，将能发掘出自身更大的创作能力，对读者的软件应用水平会有一个本质上的提升，开启精彩的三维之路。一花一世界，一叶一如来，大千世界，无限精彩，只要你想。

北京伟景行数字展示科技股份有限公司　　副总经理黄涛

从一线的公司项目制作人员退居到二线的三维软件教学工作上，转眼间已有整整七个年头。在担任高校教师这一职位后，使得我对以前在三维软件中还有些许陌生的命令也都熟练掌握，这也是不同的行业对相关工作人员的专业要求。在公司里，虽然可以积累大量的项目制作实战经验，但是对于软件命令的理解上还仅仅停留在会使用的程度；而当了老师后，项目虽然制作得少了，但是对软件命令的理解，要求则更为严格，因为只有深刻认识了软件的不同命令参数，才可以将技术讲解得更为透彻。所以，曾经有人问我，你现在项目做得少了，怎么技术反而进步了？我回答，正是因为项目做得少，才使得我有足够多的时间来观察现实世界中事物的形态、光影及质感，思考、总结以往积累的技术经验，将三维技术从单一的熟练应用向进一步的理论推动技术方向发展。

3ds Max软件是一种工具，就像画家手中的笔，不仅要熟练才能生巧，还得在学习制作的过程中不断思考。比如建模，在最初的布线时就得考虑好模型光滑之后的计算形态；比如材质，在调试之前一定要对物体的属性有一定程度上的物理认知；比如灯光，应使用何种灯光来模拟对应的光照效果；比如渲染，如何优化参数使得我们可以用相对较少的时间来得到质量较高的作品；如果涉及到动力学、粒子等特效的话，还应掌握物体的运动规律、表达式，以及使用Max Script语言来编写一定的应用程序来辅助动画的制作完成。可以毫不夸张地说，3ds Max软件本身就是一门综合性极强的学科。

关于如何学好3ds Max，每个人都有自己的看法。并且这也是同学们常常对我提出的问题之一。就使用3ds Max制作项目案例中的空间表现而言，首先需要学生熟练掌握软件的命令及使用技巧，因为这是制作项目的根本，命令都会得不全，如何去谈制作呢？另外，命令可以死记，但是参数不能硬背。在实际的项目制作中，可能会遇到各种各样的不同空间。空间的格局不一样、进光的程度不一样、装饰的颜色不一样，均会导致这些空间的光照环境差异巨大，仅靠记忆一两套参数设置是绝对行不通的。其次，多多留意现实中空间环境的光影、物体的比例及质感。很多同学在到了渲染的时候，还不知道自己所要表现的是一个处在什么样环境状态下的空间，比如是要表现上午还是下午、黄昏还是夜晚、阴天还是晴天等。甚至有的同学抱着碰巧能做出什么效果就算什么效果的想法来进行作业的制作，这些都是对真实世界环境了解得不够形成的。所以，要提高自己的效果图制作水平，就一定要熟悉真实的环境，在制作之前明确自己想要表达的作品气氛。比如制作日光效果，可以随时观察自己当下所处空间的光照情况；制作灯光效果，则一定要去灯饰用品商店看看不同灯具所产生的照明效果及影响范围。学习三维软件，要时刻记住：我们不是制作效果表现的电脑高手，而是精通软件技术的设计人！

如果对本书有任何意见或建议，请联系陈老师chenlch@tup.tsinghua.edu.cn。

本书的配套资料请到下面地址下载。

http://pan.baidu.com/s/1nv3wdfz。

来阳

2016年5月

渲染王3ds Max/VRay项目案例表现技术精粹

目录
contents

# 第1章

初识 3ds Max

## 1.1 3ds Max 软件项目应用

当前，科技行业发展迅猛，计算机的软硬件逐年更新，其用途早已不仅仅局限于办公，越来越多的可视化产品凭借这一平台飞速地融入到人们的生活中来。人们通过家用电脑不但可以游戏娱乐，还可以完成以往只能在高端配置的工作站上才能制作出来的数字媒体产品项目。越来越多的高校也已开始注重计算机软件在各个专业中的应用，并逐步将计算机课程分别安排在不同学期以帮助学生更好地完成本专业的课程学习计划。

作为 Autodesk 公司主打的旗舰级别动画软件，3ds Max 可以为建筑表现、风景园林景观表现、工业产品表现、电影特效和游戏美术制作的设计人员提供一整套全面的 3D 建模、动画、渲染及合成的解决方案，应用领域极其广泛。新版的 3ds Max 为用户提供了二维图形建模、网格建模、多边形建模等多种类型的建模方式，配合强大的 VRay 渲染器可以轻松地制作出犹如照片级别的数字图像产品。图 1-1 所示为 3ds Max 软件的程序启动界面。

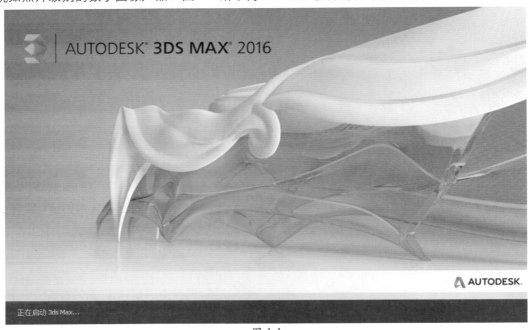

图 1-1

下面我们举例来简单了解一下该软件主要的项目应用领域。

### 1.1.1 建筑表现

建筑作为人类历史悠久文化的一部分，充分体现了人类对自然的认识、思考及改变。通过对不同时代、不同地区的建筑进行研究，可以看出人类文明的发展，及当时、当地社会经济形态的演变，并对今后的建筑设计表现产生重要影响。使用 Autodesk 公司的 3ds Max 产品，使得建筑的设计表现将不再仅仅局限于纸上的一个视角，而是全方位地以任何角度将设计师的意图充分展现出来，配合软件的材质及光影计算，渲染出来的逼真画面可以给人以身临其境般的视觉享受，如图 1-2 所示。

图 1-2

### 1.1.2　风景园林景观表现

关于园林的产生历史，大概可以追溯到自人类出现的时期。长久以来，人类一直在不断地尝试改变自身的居住环境以适应自己的世界观和审美观。随着生态保护意识的不断加强，风景园林这一学科开始被人们越来越重视起来。风景园林不仅具有美学价值，还具有防尘、保湿、改变空间的空气质量及改善地区气候等生态价值，所以，人们在设计地表建筑物时，会将周围的园林景观一并规划出来。借助于 3ds Max 这一三维软件表现平台，使得人们在土地开发时，可以非常宏观地预览到未来的环境景象，如图 1-3 所示。

图 1-3

### 1.1.3　工业产品表现

使用 3ds Max 可以以非常真实的画面质感来表现出工业产品设计的最终结果，如汽车设计、手表设计、饰品设计、家居用品设计等，使得设计师们不再需要看到产品的最终形态才能感知自己的得意之作，如图 1-4 所示。

图 1-4

### 1.1.4 电影特效

在三维影像技术发展成熟的今天，电影特技效果越来越逼真，使得很多影片的拍摄都会使用到大量的镜头特效来完成制作。比如在大街上拍摄一段剧情，那么不可避免地会涉及到可能需要封路来完成拍摄，封路不仅仅会影响到城市中正常的道路状况，也为影片增加了拍摄的成本。而用 3ds Max 制作出的三维街景则可以在不影响人们正常生活的条件下完成影片镜头的制作。另外，使用三维特效也可以制作出摄影机根本无法拍摄出来的虚拟特效场面，如电影《2012》中城市道路被毁、楼房倒塌的镜头效果等。图 1-5 所示为一些影片中的经典三维效果。

图 1-5

### 1.1.5 游戏美术制作

一款游戏是否成功不仅仅涉及到精彩的剧情、便于上手的操作、合理的关卡，还有就是可以征服玩家视觉的美术设定，这几部分要素缺一不可，在如今多元化游戏同时快速发展的今天，美术设定的重要性更是不言而喻的。无论是角色、场景、道具还是技能，华丽的游戏美术均离不开 3ds Max 这一三维表现制作平台，游戏中的视觉特效也显得在游戏的宣传上尤为重要，如图 1-6 所示。

图 1-6

## 1.2 3ds Max 2016 工作界面

安装好 3ds Max 2016 软件后，可以通过双击桌面上的 图标来启动软件，或者在"开始"菜单中执行"Autodesk>Autodesk 3ds Max 2016>3ds Max 2016-Simplified Chinese"命令，如图 1-7 所示。

图 1-7

第一次启动 3ds Max 2016 时，系统会自动弹出"选择初始 3ds Max 体验"对话框，如图 1-8 所示。

图 1-8

在"选择初始 3ds Max 体验"对话框中选择"标准"选项，并单击"继续"按钮，即可打开 3ds Max 2016 的标准界面，如图 1-9 所示。在学习软件之前，首先应熟悉软件的操作界面与布局，为以后的创作打下基础。3ds Max 2016 的界面主要包括软件的标题栏、菜单栏、主工具栏、视图工作区、命令面板、时间滑块、轨迹栏、动画关键帧控制区、动画播放控制区和 Max Script 迷你脚本听侦器等部分。

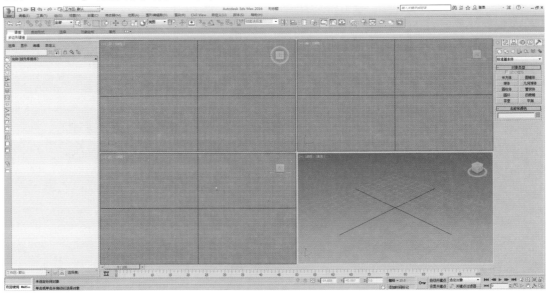

图 1-9

### 1.2.1 欢迎屏幕

安装好 3ds Max 2016 时，第一次打开软件会弹出"欢迎屏幕"，其中包含有"学习""开始"和"扩展"3 个选项卡。

#### 1."学习"选项卡

"学习"选项卡中包含有"1 分钟启动影片"和"更多学习资源"这两方面内容。其中，"更多学习资源"又包含有"3ds Max 学习频道""3ds Max 2016 新特性""Autodesk 学习途径"及"示例场景 / 示例内容"这 4 方面内容。如图 1-10 所示，"学习"选项卡为初次接触该软件的人们提供一些软件的学习资源。

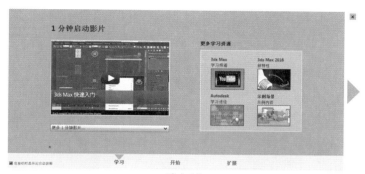

图 1-10

#### 2."开始"选项卡

选择"欢迎屏幕"下方的"开始"命令，可以切换至"开始"选项卡，这里主要包含有显示"最近使用的文件"及"启动模板"两个部分，如图 1-11 所示。

图 1-11

#### 3."扩展"选项卡

单击"欢迎屏幕"下方的"扩展"命令，可以切换至"扩展"选项卡，在此可以通过单击相应的图标来访问 Autodesk 官方认可的一些网站，这些网站可以提供一些免费的 3ds Max 扩展应用程序、Max Script 脚本及植物模型来下载，同时也提供一些需要付费的 3ds Max 扩展应用程序可供用户购买，如图 1-12 所示。

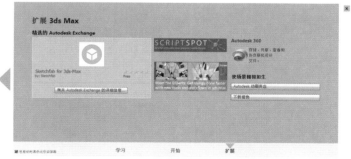

图 1-12

在默认状态下，每次启动 3ds Max 软件均会弹出"欢迎屏幕"。若希望不再弹出该对话框，可以取消选中"欢迎屏幕"对话框左下方的"在启动时显示此欢迎屏幕"复选项，如图 1-13 所示。

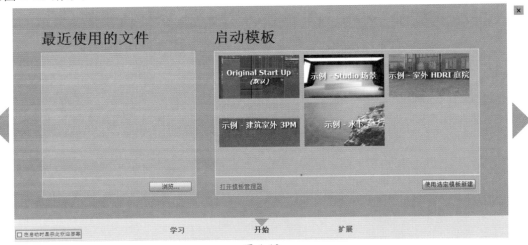

图 1-13

关闭该对话框后，还可以通过执行菜单栏"帮助＞欢迎屏幕"命令，再次打开"欢迎屏幕"对话框，如图 1-14 所示。

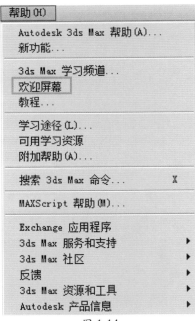

图 1-14

小技巧：

"欢迎屏幕"对话框中的大部分功能均需要电脑连接上互联网才可以使用。

### 1.2.2 标题栏

标题栏位于整个软件界面的最上方，在 3ds Max 2016 的标题栏中，包含有软件图标、当前软件的版本号、快速访问工具栏和信息中心四大部分，如图 1-15 所示。

图 1-15

#### 1. 软件图标

单击软件界面左上方软件图标，可以弹出一个用于管理文件的下拉菜单，主要包括"新建""重置""打开""保存""另存为""导入""导出""发送到""参考""管理""属性"这 11 个常用命令，如图 1-16 所示。

图 1-16

#### 2. 当前软件版本号

标题栏的中心位置即当前使用软件的版本号，如图 1-17 所示。

图 1-17

#### 3. 快速访问工具栏

软件标题栏左侧为快速访问工具，主要包括文件或场景的"新建""打开""保存""撤销""重做"和"工作区设置"这几个部分。此外，还可以通过单击"工作区"右侧的"自定义快速访问工具栏"下拉按钮来设置"快速访问工具栏"内的图标按钮，如图 1-18 所示。

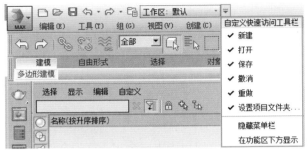

图 1-18

工具解析

- "新建"按钮 🗋：单击可以新建场景。
- "打开"按钮 🗁：单击可以打开场景。
- "保存"按钮 🖫：保存当前文件。
- "撤销"按钮 ↶：撤销一步操作。
- "重做"按钮 ↷：重做一步操作。

**小技巧：**

撤销场景操作的快捷键为 Ctrl+Z，重做场景操作的快捷键为 Ctrl+Y。

3ds Max 2016 为用户提供了 5 种工作区可供选择，分别为"设计标准""工作区：默认""默认 + 增强型菜单""备用布局"和"视口布局选项卡预设"5 种，如图 1-19 所示。用户可在此根据自己的需要来随时切换自己喜欢的软件界面风格。

图 1-19

### 4. 信息中心

右侧的"信息中心"部分主要包括"搜索""通信中心""收藏夹""登录""Autodesk Exchange 应用程序"和"帮助"这几个图标，如图 1-20 所示。

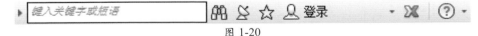

图 1-20

## 1.2.3 菜单栏

菜单栏紧位于标题栏的下方，包含有 3ds Max 的大部分命令。最前面的图标为应用程序按钮，之后分别为"编辑""工具""组""视图""创建""修改器""动画""图形编辑器""渲染"Civil View"自定义""脚本"和"帮助"这几个分类，如图 1-21 所示。

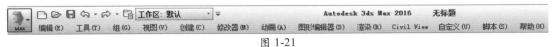

图 1-21

**1. 菜单命令介绍**

编辑："编辑"菜单中主要包括针对于场景基本操作所设计的命令，如"撤销""重做""暂存""取回""删除"等常用命令，如图1-22所示。

图1-22

工具："工具"菜单中主要包括管理场景的一些命令及对物体的基础操作，如图1-23所示。

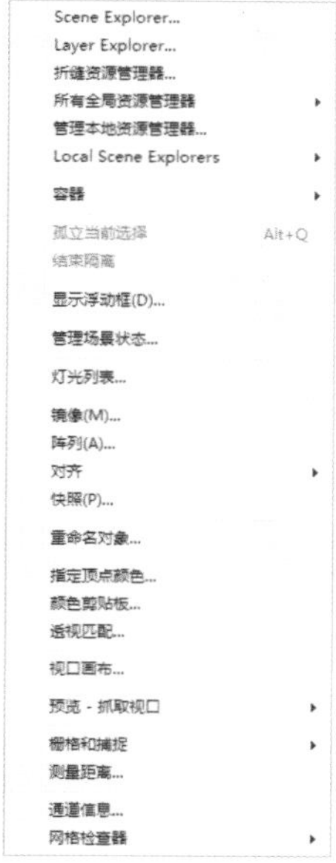

图1-23

组："组"菜单中可以将场景中的物体设置为一个组合，并进行组的编辑，如图1-24所示。

图1-24

视图："视图"菜单里主要为控制视图的显示方式及视图的相关参数设置，如图1-25所示。

图1-25

创建："创建"菜单里的命令主要包括在视口中创建各种类型的对象，如图1-26所示。

修改器："修改器"菜单里包含了所有修改器列表中的命令，如图1-27所示。

动画："动画"菜单主要用来设置动画，其中包括正向动力学、反向动力学及骨骼等设置的使用，如图1-28所示。

图1-26

图1-27

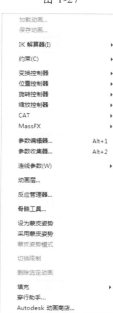

图1-28

图形编辑器："图形编辑器"菜单以图形化视图的方式来表达场景中各个对象之间的关系，如图1-29所示。

图 1-29

渲染："渲染"菜单主要用来设置渲染参数，包括"渲染""环境"和"效果"等命令，如图1-30所示。

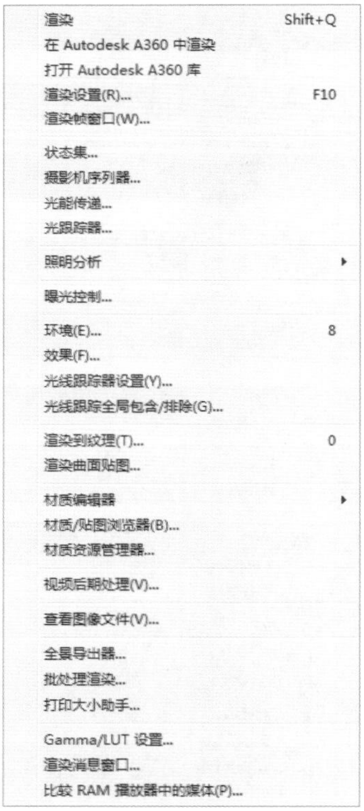

图 1-30

Civil View：Civil View

菜单只有初始化 Civil View 一个命令，如图1-31所示。

初始化 Civil View

图 1-31

自定义："自定义"菜单允许用户更改一些设置，这些设置包括制定个人爱好的工作界面及3ds Max系统设置，如图1-32所示。

图 1-32

脚本："脚本"菜单中提供了为程序开发人员工作的环境，在这里可以新建、测试及运行自己编写的脚本语言来辅助工作，如图1-33所示。

图 1-33

帮助："帮助"菜单中主要为3ds Max的一些帮助信息，可以供用户参考学习，

如图1-34所示。

图 1-34

2.菜单栏命令的基础知识

在菜单栏上单击命令打开下拉菜单时，可以发现某些命令后面有相应的快捷键提示，如图1-35所示。

图 1-35

下拉菜单的命令后面带有省略号，表示使用该命令会弹出一个独立的对话框。同时，弹出对话框后，再次

在下拉菜单中查看该命令，会发现该命令前有一个"√"号显示，如图1-36所示。

图 1-36

下拉菜单的命令后面带有黑色的小三角箭头图标，表示该命令还有子命令可选，如图1-37所示。

下拉菜单中的部分命令为灰色不可使用状态，表示在当前的操作中，没有选择合适的对象可以使用该命令。比如场景中没有选择任何对象，就无法激活"对象属性"命令，如图1-38所示。

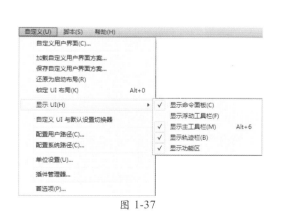

图 1-37

图 1-38

### 1.2.4　主工具栏

菜单栏的下方就是主工具栏，主工具栏由一系列的图标按钮组成，当用户的显示器分辨率过低时，主工具栏上的图标按钮会显示不全，这时可以将鼠标移动至工具栏上，待鼠标变成抓手工具时，即可左右移动主工具栏来查看其他未显示的工具图标，图 1-39 所示为 3ds Max 的主工具栏。

图 1-39

仔细观察主工具栏上的图标按钮。注意到有些图标按钮的右下角有个小三角形的标志，即当前图标按钮包含多个类似命令。切换其他命令时，需要用鼠标长按当前图标按钮，则会显示出其他命令来，如图 1-40 所示。

图 1-40

**小技巧：**

主工具栏可以以拖曳的方式更改为浮动窗口，拖曳出来的主工具栏如图 1-41 所示。

图 1-41

工具解析

- “撤销”按钮：可取消上一次的操作。
- “重做”按钮：可取消上一次的“撤销”操作。
- “选择并链接”按钮：用于将两个或多个对象链接成为父子层次关系。
- “断开当前选择链接”按钮：用于解除两个对象之间的父子层次关系。
- “绑定到空间扭曲”按钮：将当前选择附加到空间扭曲。
- “选择过滤器”下拉列表全部：可以通过此列表来限制选择工具选择的对象类型。
- “选择对象”按钮：可用于选择场景中的对象。
- “按名称选择”按钮：单击此按钮可打开“从场景选择”对话框，通过对话框中的对象名称来选择物体。
- “矩形选择区域”按钮：在矩形选区内选择对象。

- "圆形选择区域"按钮 ：在圆形选区内选择对象。
- "围栏选择区域"按钮 ：在不规则的围栏形状内选择对象。
- "套索选择区域"按钮 ：通过鼠标操作在不规则的区域内选择对象。
- "绘制选择区域"按钮 ：将鼠标在对象上方以绘制的方式来选择对象。
- "窗口/交叉"按钮 ：单击此按钮，可将鼠标在"窗口"和"交叉"模式之间进行切换。
- "选择并移动"按钮 ：选择并移动所选择的对象。
- "选择并旋转"按钮 ：选择并旋转所选择的对象。
- "选择并均匀缩放"按钮 ：选择并均匀缩放所选择的对象。
- "选择并非均匀缩放"按钮 ：选择并以非均匀的方式缩放所选择的对象。
- "选择并挤压"按钮 ：选择并以挤压的方式来缩放所选择的对象。
- "选择并放置"按钮 ：将对象准确地定位到另一个对象的表面上。
- "参考坐标系"下拉列表 视图 ：可以指定变换所用的坐标系。
- "使用轴点中心"按钮 ：可以围绕对象各自的轴点旋转或缩放一个或多个对象。
- "使用选择中心"按钮 ：可以围绕所选择对象共同的几何中心进行选择，或缩放一个或多个对象。
- "使用变换坐标中心"按钮 ：围绕当前坐标系中心旋转或缩放对象。
- "选择并操纵"按钮 ：通过在视口中拖动"操纵器"来编辑对象的控制参数。
- "键盘快捷键覆盖切换"按钮 ：单击此按钮，可以在"主用户界面"快捷键和"组"快捷键之间进行切换。
- "捕捉开关"按钮 ：通过此按钮可以提供捕捉处于活动状态位置的 3D 空间的控制范围。
- "角度捕捉开关"按钮 ：通过此按钮可以设置旋转操作时进行预设角度旋转。
- "百分比捕捉开关"按钮 ：按指定的百分比增加对象的缩放。
- "微调器捕捉开关"按钮 ：用于切换设置 3ds Max 中微调器的一次单击式增加或减少值。
- "编辑命名选择集"按钮 ：单击此按钮可以打开"命名选择集"对话框。
- "命名选择集"下拉列表 创建选择集 ：使用此列表可以调用选择集合。
- "镜像"按钮 ：单击此按钮可以打开"镜像"对话框来详细设置镜像场景中的物体。
- "对齐"按钮 ：将当前选择与目标选择进行对齐。
- "快速对齐"按钮 ：可立即将当前选择的位置与目标对象的位置进行对齐。
- "法线对齐"按钮 ：使用"法线对齐"对话框来设置物体表面基于另一个物体表面的法线方向进行对齐。
- "放置高光"按钮 ：可将灯光或对象对齐到另一个对象上来精确定位其高光或反射。
- "对齐摄影机"按钮 ：将摄影机与选定的面法线进行对齐。
- "对齐到视图"按钮 ：通过"对齐到视图"对话框来将对象或子对象选择的局部轴与当前视口进行对齐。
- "切换场景资源管理器"按钮 ：单击此按钮可打开"场景资源管理器 - 场景资源管理器"对话框。
- "切换层资源管理器"按钮 ：单击此按钮可打开"场景资源管理器 - 层资源管理器"对话框。
- "切换功能区"按钮 ：单击此按钮可显示或隐藏 Ribbon 工具栏。
- "曲线编辑器"按钮 ：单击此按钮可打开"轨迹视图 - 曲线编辑器"面板。

- "图解视图"按钮：单击此按钮可打开"图解视图"面板。
- "材质编辑器"按钮：单击此按钮可打开"材质编辑器"面板。
- "渲染设置"按钮：单击此按钮可打开"渲染设置"面板。
- "渲染帧窗口"按钮：单击此按钮可打开"渲染帧窗口"。
- "渲染产品"按钮：渲染当前激活的视图。
- "在 Autodesk A360 中渲染"按钮：单击此按钮可弹出"渲染设置：A360 云渲染"面板。
- "打开 Autodesk A360 库"按钮：单击此按钮可直接在浏览器中打开 Autodesk A360 网站页面。

### 1.2.5  Ribbon 工具栏

Ribbon 工具栏包含有"建模""自由形式""选择""对象绘制"和"填充"五大部分，如图 1-42 所示。

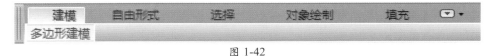

图 1-42

**1. 建模**

单击"显示完整的功能区"图标 可以向下展开 Ribbon 工具栏。执行"建模"命令，可以看到与多边形建模相关的命令，图 1-43 所示。当鼠标未选择几何体时，该命令区域呈灰色显示。

图 1-43

当鼠标选择几何体时，单击相应图标进入多边形的子层级后，此区域可显示相应子层级内的全部建模命令，并以非常直观的图标形式可见。图 1-44 所示为多边形"顶点"层级内的命令图标。

图 1-44

**2. 自由形式**

执行"自由形式"命令，其内部的命令图标如图 1-45 所示。需选择物体才可激活相应的图标命令显示，通过"自由形式"选项卡内的命令，可以用绘制的方式来修改几何形体的形态。

图 1-45

### 3. 选择

执行"选择"命令，其内部的命令图标如图 1-46 所示。前提需要选择多边形物体，并进入其子层级后可激活图标显示状态。未选择物体时，此命令内部为空。

图 1-46

### 4. 对象绘制

执行"对象绘制"命令，其内部命令图标如图 1-47 所示。此区域的命令允许我们为鼠标设置一个模型，以绘制的方式在场景中或物体对象表面上进行复制绘制。

图 1-47

### 5. 填充

执行"填充"命令，可以快速地制作大量人群的走动和闲聊场景。尤其是在建筑室内外的动画表现上，更少不了角色这一元素。角色不仅仅可以为画面添加活泼的生气，还可以作为所要表现建筑尺寸的重要参考依据。其内部命令图标如图 1-48 所示。

图 1-48

## 1.2.6 场景资源管理器

通过停靠在软件界面左侧的"场景资源管理器"面板，我们可以很方便地查看、排序、过滤和选择场景中的对象，如图 1-49 所示。

图 1-49

### 1.2.7　工作视图

在 3ds Max 的整个工作界面中，工作视图区域占据了软件的大部分界面空间，有利于工作的进行。默认状态下，工作视图分为"顶"视图、"前"视图、"左"视图和"透视"视图 4 种，如图 1-50 所示。

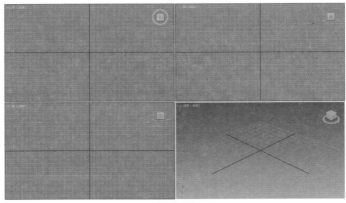

图 1-50

小技巧：

可以单击软件界面右下角的"最大化视口切换"按钮⊡将默认的四视口区域切换至一个视口区域显示。
当视口区域为一个时，可以通过按下相应的快捷键来进行各个操作视口的切换。
切换至顶视图的快捷键是：T。
切换至前视图的快捷键是：F。
切换至左视图的快捷键是：L。
切换至透视图的快捷键是：P。
当选择了一个视图时，可按下快捷键：开始 +Shift 键来切换至下一视图。

将鼠标移动至视口的左上方，在相应视口提示的字上单击，可弹出下拉列表，从中也可以选择即将要切换的操作视图。从此下拉列表中也可以看出后视图和右视图无快捷键，如图 1-51 所示。

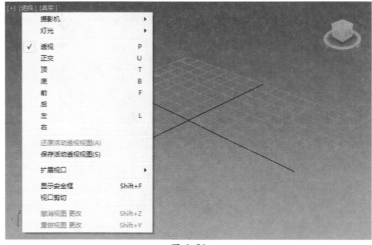

图 1-51

### 1.2.8　命令面板

3ds Max 软件界面的右侧即为"命令"面板。命令面板由"创建"面板、"修改"面板、"层次"面板、"运动"面板、"显示"面板和"实用程序"面板这 6 个面板组成。

**1. "创建"面板**

图 1-52 所示为"创建"面板，可以创建 7 种对象，分别是"几何体""图形""灯光""摄影机""辅助对象""空间扭曲"和"系统"。

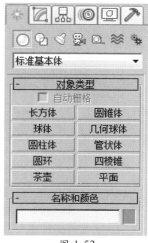

图 1-52

工具解析

- "几何体"按钮：不仅可以用来创建"长方体""椎体""球体""圆柱体"等基本几何体，也可以创建出一些现成的建筑模型，如"门""窗""楼梯""栏杆""植物"等模型。
- "图形"按钮：主要用来创建样条线和 NURBS 曲线。
- "灯光"按钮：主要用来创建场景中的灯光。
- "摄影机"按钮：主要用来创建场景中摄影机。
- "辅助对象"按钮：主要用来创建有助于场景制作的辅助对象，如对模型进行定位、测量等功能。
- "空间扭曲"按钮：使用空间扭曲功能可以在围绕其他对象的空间中产生各种不同的扭曲方式。
- "系统"按钮：系统将对象、链接和控制器组合在一起，以生成拥有行为的对象及几何体，包含"骨骼""环形阵列""太阳光""日光"和"Biped"这 5 个按钮。

**2. "修改"面板**

图 1-53 所示为"修改"面板，用来调整所选择对象的修改参数，当鼠标未选择任何对象时，此面板里命令为空。

**3. "层次"面板**

图 1-54 所示为"层次"面板，可以在这里访问调整对象间的层次链接关系，如父子关系。

图 1-53

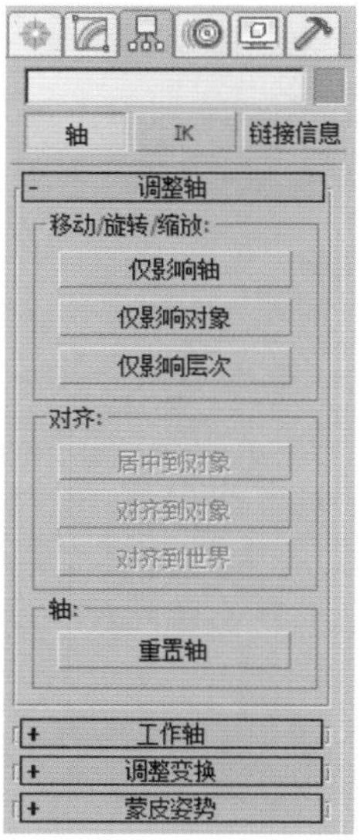

图 1-54

工具解析

● "轴"按钮 轴 ：该按钮下的参数主要用来调整对象和修改器中心位置，以及定义对象之间的父子关系和反向动力学 IK 的关节位置等。

● "IK"按钮 IK ：该按钮下的参数主要用来设置动画的相关属性。

● "链接信息"按钮 链接信息 ：该按钮下的参数主要用来限制对象在特定轴中的变换关系。

4. "运动"面板

图 1-55 所示为"运动"面板，主要用来调整选定对象的运动属性。

5. "显示"面板

图 1-56 所示为"显示"面板，可以控制场景中对象的显示、隐藏、冻结等属性。

6. "实用程序"面板

图 1-57 所示为"实用程序"面板，这里包含有很多的工具程序，在面板里只是显示其中的部分命令，其他的程序可以通过单击"更多 ..."按钮 更多... 来进行查找。

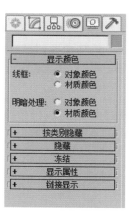

图 1-55

图 1-56

图 1-57

**小技巧：**

个别面板命令过多显示不全时，可以上下拖动整个"命令"面板来显示出其他命令，也可以将鼠标放置于"命令"面板的边缘处，以拖曳的方式将"命令"面板的显示更改为显示两排或者更多，如图1-58所示。

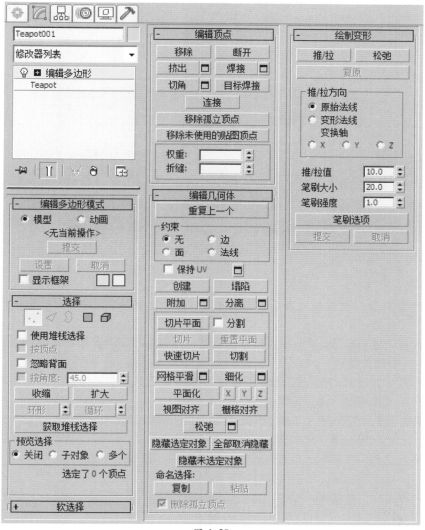

图 1-58

### 1.2.9 时间滑块和轨迹栏

　　时间滑块位于视口区域的下方，是用来拖动以显示不同时间段内场景中物体对象的动画状态。默认状态下，场景中的时间帧数为100帧，帧数值可根据将来的动画制作需要随意更改。当我们按住时间滑块时，可以在轨迹栏上迅速拖动以查看动画的设置，在轨迹栏内的动画关键帧可以很方便地进行复制、移动及删除操作，如图1-59所示。

图 1-59

小技巧：

按下快捷键 Ctrl+Alt+ 鼠标左键，可以保证时间轨迹右侧的帧位置不变而更改左侧的时间帧位置。

按下快捷键 Ctrl+Alt+ 鼠标中键，可以保证时间轨迹的长度不变而改变两端的时间帧位置。

按下快捷键 Ctrl+Alt+ 鼠标右键，可以保证时间轨迹左侧的帧位置不变而更改右侧的时间帧位置。

### 1.2.10　提示行和状态栏

提示行和状态栏可以显示出当前有关场景和活动命令的提示和操作状态。它们位于时间滑块和轨迹栏的下方，如图 1-60 所示。

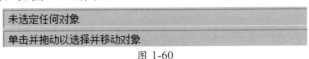

图 1-60

### 1.2.11　动画控制区

动画控制区具有可以用于在视口中进行动画播放的时间控件。使用这些控制可随时调整场景文件中的时间来播放并观察动画。如图 1-61 所示。

图 1-61

工具解析

- ●　： 这一区域为设置动画的模式，有自动关键点动画模式与设置关键点动画模式两种可选。
- ●　"新建关键点的默认入／出切线"按钮：单击该按钮可设置新建动画关键点的默认内／外切线类型。
- ●　"打开过滤器对话框"按钮： 单击该按钮关键点过滤器可以设置所选择物体的哪些属性可以设置关键帧。
- ●　"转至开头"按钮： 单击该按钮转至动画的初始位置。
- ●　"上一帧"按钮： 单击该按钮转至动画的上一帧。
- ●　"播放动画"按钮： 单击该按钮后会变成停止动画的按钮图标。
- ●　"下一帧"按钮： 单击该按钮转至动画的下一帧。
- ●　"转至结尾"按钮： 单击该按钮转至动画的结尾。
- ●　帧显示： 单击该按钮可转至当前动画的时间帧位置。
- ●　"时间配置"按钮： 单击该按钮弹出"时间配置"对话框，可以进行当前场景内动画帧数的设定等操作。

### 1.2.12　视口导航

视口导航区域允许用户使用这些按钮在活动的视口中导航场景，位于整个 3ds Max 界面的右下方，如图 1-62 所示。

图 1-62

参数解析

- "缩放"按钮：控制视口的缩放，使用该工具可以在透视图或正交视图中通过拖曳鼠标的方式来调整对象的显示比例。
- "缩放所有视图"按钮：使用该工具可以同时调整所有视图中对象的显示比例。
- "最大化显示选定对象"按钮：最大化显示选定的对象，快捷键为Z。
- "所有视图最大化显示选定对象"按钮：在所有视口中最大化显示选定的对象。
- "视野"按钮：控制在视口中观察的"视野"。
- "平移视图"按钮：平移视图工具，快捷键为鼠标中键。
- "环绕子对象"按钮：单击此按钮可以进行环绕视图操作。
- "最大化视口切换"按钮：控制一个视口与多个视口的切换。

## 1.3　3ds Max 基本操作

### 1.3.1　创建对象

在 3ds Max 中，可以通过多种途径来进行对象的创建，下面我们分别学习如何在场景中使用这些方式来创建对象。

#### 1. 通过菜单来创建对象

3ds Max 为我们提供的"创建"菜单栏中包含了所有可以创建对象的命令，用户可以通过执行菜单栏中的创建命令，在场景中创建对象。在菜单栏上找到"创建"命令，单击此命令，在弹出的下拉列表中可以观察到创建对象的分类。这几个分类被灰色的分割线简单分为 4 大类，第 1 类为几何体、粒子、动力学等，第 2 类为图形，第 3 类为灯光和摄影机，第 4 类为辅助对象、空间扭曲和系统，如图 1-63 所示。

#### 2. 通过创建面板来创建对象

在"创建"面板中，我们首先要根据相应的图标按钮提示来选择要创建对象的类型，再从对应的分类中找到"创建"命令。创建面板提供了"几何体""图形""灯光""摄影机""辅助对象""空间扭曲"和"系统"这 7 个分类面板，如图 1-64 所示。在这些分类面板中还有更加细致的下拉列表分类可选，图 1-65 所示为几何体分类下的下拉列表。

图 1-63

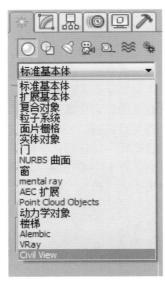

图 1-64 图 1-65

3. 通过 MAXScript 来创建对象

3ds Max 还提供了通过脚本程序 MAXScript 来在场景中创建对象的方法。MAXScript 是在 3ds Max 环境中运行的程序语言,深入学习 MAXScript 语言,有助于提高制作动画的效率及开发出一些 3ds Max 所没有的功能。

第 1 步:执行"脚本 >MAXScript 侦听器"命令,打开"MAXScript 侦听器"面板,如图 1-66 所示。

图 1-66

第 2 步:在打开的"MAXScript 侦听器"面板中,白色区域的部分有"欢迎使用 MAXScript。"的提示语。在这里就可以通过输入 MAXScript 来创建对象,如图 1-67 所示。

图 1-67

第3步：在提示语的下方输入"box()"，并按 Enter 键，即可在场景中看到创建出了一个长方体，如图 1-68 所示。

图 1-68

## 1.3.2 选择对象

3ds Max 是一种面向操作对象的程序，只有确保选择了正确的对象，才可以进行下一步的命令，如建模或者制作动画，因此正确快速地选择物体在整个 3ds Max 操作中显得尤为重要。

### 1. "选择对象"工具

3ds Max 打开后，鼠标默认下的状态即为"选择对象"工具 。使用"选择对象"工具，可以在场景中以鼠标单击物体对象的方式将对象选中，如图 1-69 所示。

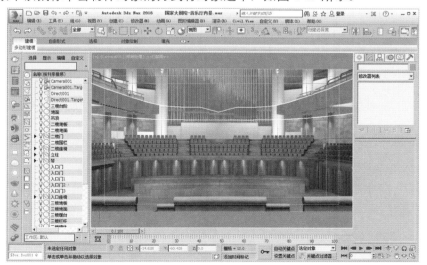

图 1-69

当鼠标停留在场景中的某一模型对象上，对象的边框呈黄色显示，如图1-70所示。

图 1-70

当鼠标选择场景中的模型对象后，对象的边框呈蓝色显示，如图1-71所示。

图 1-71

2. 区域选择

3ds Max 运行用户使用"区域选择"来选择场景中的一个或多个对象，并提供了"矩形选择区域"按钮、"圆形选择区域"按钮、"围栏选择区域"按钮、"套索选择区域"按钮和"绘制选择区域"按钮这5种方式供用户选择使用，如图1-72所示。

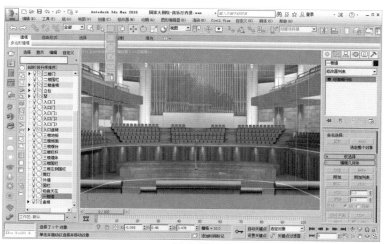

图 1-72

**小技巧：**

取消所选择对象时，只需要在视口中的空白区域单击即可，快捷键为 Ctrl+D。
选择场景中的所有对象时，快捷键为 Ctrl+A。
加选对象：如果当前选择了一个对象，还想增加选择其他对象，可以按住 Ctrl 键来加选其他的对象。
减选对象：如果当前选择了多个对象，想要减去某个不想选择的对象，可以按住 Alt 键来进行减选对象。
反选对象：如果当前选择了某些对象，想要反向选择其他对象，可以按 Ctrl+I 快捷键来进行反选。

3. 窗口与交叉选择

3ds Max 在选择多个物体对象时，提供"窗口" 🔲 与"交叉" 🔳 两种模式进行选择。默认状态下为"交叉"选择，在使用"选择对象"绘制选框选择对象时，选择框内的所有对象及与所绘制选框边界相交的任何对象都将被选中。

4. 按对象名称选择

在"主工具栏"上可以通过单击"按名称选择"图标 ▦ 来进行对象的选择，这时会打开"从场景选择"对话框，在对话框中根据对象名称即可选择物体，如图 1-73 所示。

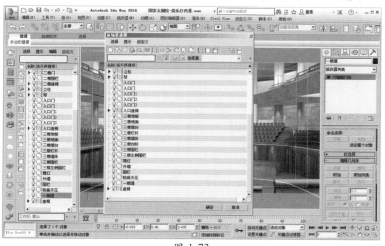

图 1-73

### 5. 在场景资源管理器中选择对象

在停靠于软件界面左侧的"场景资源管理器"中，也可以直接根据对象的名称来选择物体，如图 1-74 所示。

图 1-74

## 1.3.3 变换对象

3ds Max 在"主工具栏"上为用户提供了多个用于对场景中的对象进行变换操作的按钮，分别为"选择并移动"按钮 ✛、"选择并旋转"按钮 ◌、"选择并均匀缩放"按钮 ▣、"选择并非均匀缩放"按钮 ▣、"选择并挤压"按钮 ▣ 和"选择并放置"按钮 ◉，如图 1-75 所示。使用这些工具可以很方便地改变对象在场景中的位置、方向及大小，并且还是我们在进行项目工作中，鼠标所保持的最常用状态。

图 1-75

除了使用"主工具栏"上的按钮来进行变换操作的切换外，3ds Max 还提供了通过鼠标右键弹出的四元菜单来选择相应的命令，进行同样的变换操作切换，如图 1-76 所示。

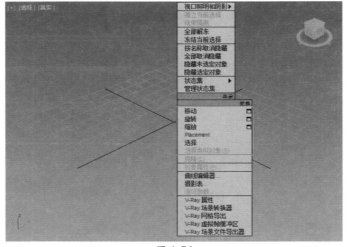

图 1-76

**小技巧：**

3ds Max 为用户提供了相应的快捷键来进行变换操作的切换，使得习惯使用快捷键来进行操作的用户可以非常方便地切换这些命令。

“移动”命令的快捷键是 W。

“旋转”命令的快捷键是 E。

“缩放”命令的快捷键是 R。

“放置”命令的快捷键是 Y。

## 1.3.4　文件存储

### 1. 文件保存

3ds Max 为用户提供了多种保存文件的途径以供访问，主要有以下几种方法。

第 1 种：单击“标题栏”上的“保存”按钮，即可完成当前文件的存储，如图 1-77 所示。

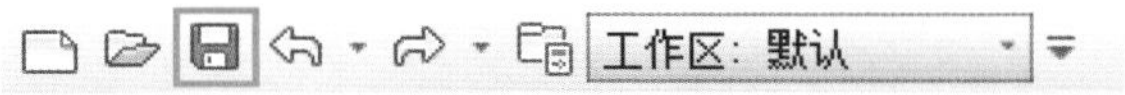

图 1-77

第 2 种：单击“标题栏”上的软件图标，在弹出的下拉菜单中选择“保存”命令即可，如图 1-78 所示。

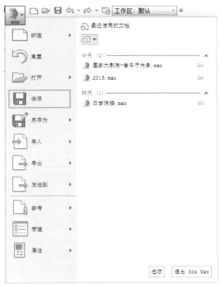

图 1-78

第 3 种：按下快捷键 Ctrl+S，也可以完成当前文件的存储。

### 2. 另存为文件

“另存为”文件是 3ds Max 中最常用的存储文件方式之一，使用这一功能，可以在确保不更改原文件的状态下，将新改好的 MAX 文件另存为一份新的文件，以供下次使用。单击“标题栏”上的软件图标，在弹出的下拉菜单中选择“另存为”命令即可，如图 1-79 所示。

图 1-79

图 1-80

在"保存类型"下拉列表中，3ds Max 2016 为用户提供了多种不同的保存文件版本以供选择，用户可根据自身需要将 3ds Max 2016 的文件另存为 3ds Max 2013 文件、3ds Max 2014 文件、3ds Max 2015 文件、3ds Max 2016 文件或 3ds Max 角色文件，如图 1-81 所示。

图 1-81

### 3. 保存增量文件

3ds Max 为用户提供了一种叫做"保存增量文件"的存储方法，即以当前文件的名称后添加数字后缀的方式不断对工作中的文件进行存储，主要有以下两种方式可以选择使用。

第1种：单击"标题栏"上的软件图标 ，在弹出的下拉菜单中执行"另存为＞保存副本为"命令，如图 1-82 所示。

图 1-82

第2种：将当前工作的文件使用"另存为"的方式存储文件时，在弹出的"另存为"对话框中，单击"＋号"按钮 ，即可将当前文件保存为增量文件，如图 1-83 所示。

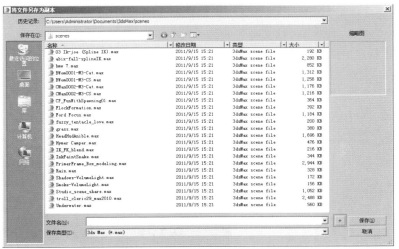

图 1-83

### 4. 保存选定对象

"保存选定对象"功能可以允许用户将一个复杂场景中的某个模型或者某几个模型单独选择，单击"标题栏"上的软件图标 ，在弹出的下拉菜单中执行"另存为＞保存选定对象"命令，即可将仅将选择的对象单独保存为一个另外的独立文件，如图 1-84 所示。

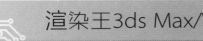 

图 1-84

技巧与提示：

"保存选定对象"命令需要在场景中先选择好要单独保存出来的对象，才可激活该命令。

5. 归档

使用"归档"命令可以将当前文件、文件中所使用的贴图文件及其路径名称整理并保存为一个 ZIP 压缩文件。

单击"标题栏"上的软件图标 ，在弹出的下拉菜单中执行"另存为 > 归档"命令，即可完成文件的归档操作，如图 1-85 所示。在归档处理期间，3ds Max 还会显示出日志窗口，使用外部程序来创建压缩的归档文件，如图 1-86 所示。处理完成后，3ds Max 会将生成的 ZIP 文件存储在指定的路径文件夹内。

图 1-85

图 1-86

6. 自动备份

3ds Max 在默认状态下为用户提供"自动备份"的文件存储功能,备份文件的时间间隔为 5 分钟,存储的文件为 3 份。当 3ds Max 程序因意外而产生关闭时,这一功能尤为重要。文件备份的相关设置可以执行菜单栏"自定义 > 首选项"命令,如图 1-87 所示。

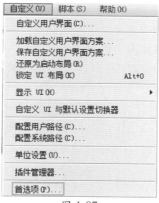

图 1-87

打开"首选项设置"对话框,单击"文件"选项卡,在"自动备份"组里即可对自动备份的相关设置进行修改,如图 1-88 所示。自动备份所保存的文件通常位于"文档 >3ds Max>autoback"文件夹内。

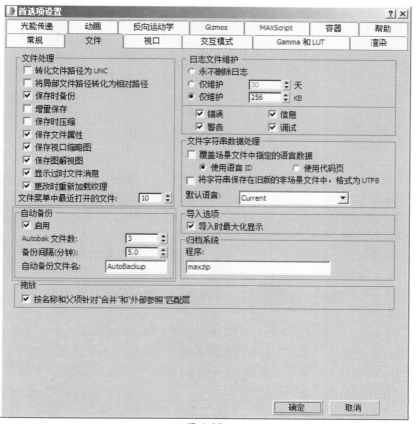

图 1-88

#### 7. 资源收集器

在制作复杂的场景文件时，常常需要大量的贴图应用于我们的模型上，这些贴图的位置可能在硬盘中极为分散，不易查找。使用 3ds Max 所提供的"资源收集器"命令，则可以非常方便地将当前文件所使用到的所有贴图及 IES 光度学文件以复制或移动的方式放置于指定的文件夹内。在"实用程序"面板中，单击"实用程序"卷展栏内的"更多"按钮 更多... ，即可在弹出的"实用程序"对话框中选择"资源收集器"命令，如图 1-89 所示。

"资源收集器"面板中的参数如图 1-90 所示。

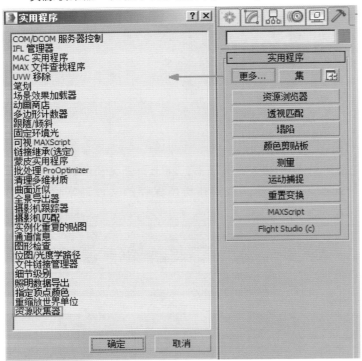

图 1-89

图 1-90

工具解析

- 输出路径：显示当前输出路径。使用"浏览"按钮 浏览 可以更改此选项。
- "浏览"按钮 浏览 ：单击此按钮，可显示用于选择输出路径的 Windows 文件对话框。
- "资源选项"组
  - ➤ 收集位图/光度学文件：打开时，"资源收集器"将场景位图和光度学文件放置到输出目录中。默认设置为启用。
  - ➤ 包括 MAX 文件：启用时，"资源收集器"将场景自身（.max 文件）放置到输出目录中。
  - ➤ 压缩文件：打开时，将文件压缩到 ZIP 文件中，并将其保存在输出目录中。
- 复制/移动：选择"复制"命令可在输出目录中制作文件的副本。选择"移动"命令可移动文件（该文件将从保存的原始目录中删除）。默认设置为"复制"。
- 更新材质：打开时，更新材质路径。
- "开始"按钮 开始 ：单击此按钮上方的设置收集资源文件。

# 第 2 章

## 建模技术

在三维创作中，模型可以说是所有作品中的基础，没有模型，一切都无从谈起。如何创建出细节丰富的模型，是三维软件学习过程中的第一个重要知识点。初学者常常认为学习建模技术只要掌握了软件的相关建模命令就可以，其实这是远远不够的。一个优秀的建模师，不仅仅要对三维软件中的建模命令熟练掌握，还需要有较强的形体塑造能力，以及最重要的简化物体形态能力。很多人学习完软件中的建模命令，并且自认为美术功底也不错，却依旧创建不出来高精度的三维模型，原因就在于无法对物体的形态进行简化分析。以角色为例，如何用少量的面来构建出一个头部的模型就是一个技术难点，这不但要求角色模型师对人体的结构非常了解，还要对三维软件的模型运算非常熟悉，并且在建模的过程时刻确定模型在完成后，添加了"涡轮平滑"修改器之后的光滑形态，如图 2-1 所示。

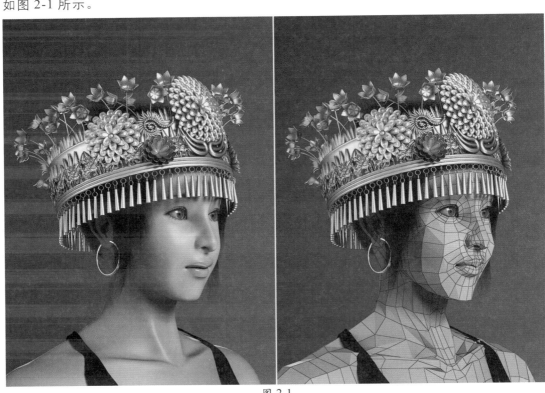

图 2-1

# 2.1 基础建模

### 2.1.1 创建标准基本体

  3ds Max 一直以来都为用户提供了一整套标准的几何体造型以解决简单形体的构建。通过这一系列基础形体资源，可以使得我们非常容易地在场景中以拖曳的方式创建出简单的几何体，如长方体、圆锥体、球体、圆柱体等。这一建模方式作为 3ds Max 中最简单的几何形体建模，是非常易于学习和操作的。

　　3ds Max 中"创建"面板内的"标准基本体"为用户提供了用于创建 10 种不同对象的按钮，分别为"长方体"按钮 长方体 、"圆锥体"按钮 圆锥体 、"球体"按钮 球体 、"几何球体"按钮 几何球体 、"圆柱体"按钮 圆柱体 、"管状体"按钮 管状体 、"圆环"按钮 圆环 、"四棱锥"按钮 四棱锥 、"茶壶"按钮 茶壶 和"平面"按钮 平面 ，如图 2-2 所示。

图 2-2

### 1. 长方体

　　在"创建"面板中，单击"长方体"按钮 长方体 ，即可在场景中绘制出长方体的模型，如图 2-3 所示。

　　长方体的参数命令如图 2-4 所示。

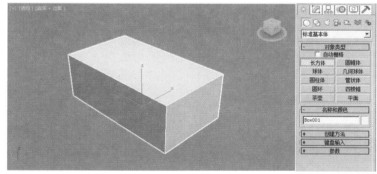

图 2-3

图 2-4

工具解析

● 长度 / 宽度 / 高度：设置长方体对象的长度、宽度和高度。
● 长度分段 / 宽度分段 / 高度分段：设置沿着对象每个轴的分段数量。

### 2. 圆锥体

　　在"创建"面板中，单击"圆锥体"按钮 圆锥体 ，即可在场景中绘制出圆锥体的模型，如图 2-5 所示。

圆锥体的参数命令如图 2-6 所示。

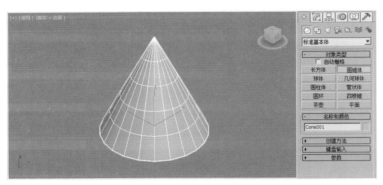

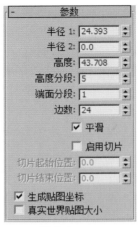

图 2-5                                    图 2-6

工具解析

- 半径 1/ 半径 2：设置圆锥体的第一个半径和第二个半径。
- 高度：设置沿着中心轴的维度。
- 高度分段：设置沿着圆锥体主轴的分段数。
- 端面分段：设置围绕圆锥体顶部和底部的中心的同心分段数。
- 边数：设置圆锥体周围边数。
- 启用切片：启用"切片"功能。
- 切片起始位置 / 切片结束位置：分别用来设置从局部 X 轴的零点开始围绕局部 Z 轴的度数。

3. 球体

在"创建"面板中，单击"球体"按钮 ＿＿＿球体＿＿，即可在场景中绘制出球体的模型，如图 2-7 所示。

球体的参数命令如图 2-8 所示。

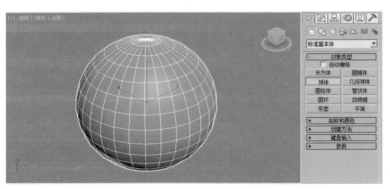

图 2-7                                    图 2-8

工具解析

- 半径：指定球体的半径。
- 分段：设置球体多边形分段的数目。
- 平滑：混合球体的面，从而在渲染视图中创建平滑的外观。
- 半球：过分增大该值将"切断"球体，如果从底部开始，将创建部分球体。值的范围可以从 0.0 至 1.0。默认值为 0.0，可以生成完整的球体。设置为 0.5 可以生成半球，设置为 1.0 会使球体消失。默认值为 0.0。
- 切除：通过在半球断开时将球体中的顶点和面"切除"来减少它们的数量。默认设置为启用。
- 挤压：保持原始球体中的顶点数和面数，将几何体向着球体的顶部"挤压"，直到体积越来越小。

4. 圆柱体

在"创建"面板中，单击"圆柱体"按钮 **圆柱体** ，即可在场景中绘制出圆柱体的模型，如图 2-9 所示。

圆柱体的参数命令如图 2-10 所示。

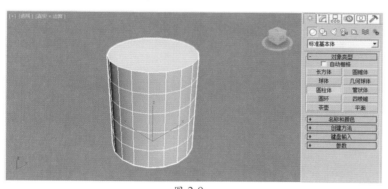

图 2-9

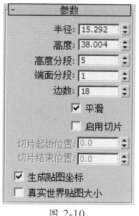

图 2-10

工具解析

- 半径：设置圆柱体的半径。
- 高度：设置圆柱体的高度。
- 高度分段：设置沿着圆柱体主轴的分段数量。
- 端面分段：设置围绕圆柱体顶部和底部的中心的同心分段数量。
- 边数：设置圆柱体周围的边数。

5. 其他标准基本体

在"标准基本体"的创建命令中，3ds Max 除了上述所讲解的 4 种按钮，还有"几何球体"按钮 **几何球体** 、"管状体"按钮 **管状体** 、"圆环"按钮 **圆环** 、"四棱锥"按钮 **四棱锥** 、"茶壶"按钮 **茶壶** 和"平面"按钮 **平面** 这 6 个按钮。由于这些按钮所创建对象的方法及参数设置与前面所述的内容基本相同，故不在此重复讲解，这 6 个按钮所对应的模型形态如图 2-11 所示。

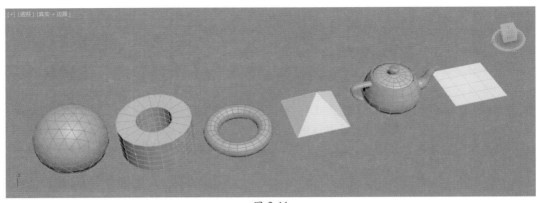

图 2-11

### 2.1.2 创建图形

3ds Max 不但为用户提供了几何体的创建
按钮，还为用户提供了二维图形的创建按钮。
在"创建"面板中单击"图形"按钮 ，即
可在场景中使用这些按钮来创建出二维图形，
如图 2-12 所示。

图 2-12

#### 1. 线

"线"按钮 _____线_____ 是 3ds Max 中是最常用的二维图形绘制工具。由于"线"按钮绘制
出的图形是非参数化的，用户使用该按钮，可以随心所欲地建立二维图形，如图 2-13 所示。

创建"线"时，在"创建方法"卷展栏中，有两种创建类型，分别为"初始类型"和"拖
动类型"，其中"初始类型"中分为"角点"和"平滑"，"拖动类型"中分为"角点""平
滑"和 Bezier，如图 2-14 所示。

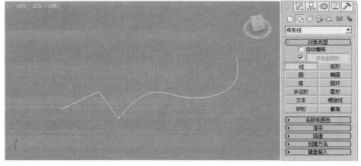

图 2-13

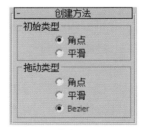

图 2-14

工具解析

- 角点：样条线顶点为角点时，顶点的任意一边都是线性的。
- 平滑：通过顶点产生出一条平滑、不可调整的曲线。
- Bezier：通过顶点产生一条平滑、可调整的曲线。通过鼠标拖动每个顶点的手柄来设置曲率的值和曲线的方向。

2. 矩形

"矩形"按钮 矩形 可以快速在场景中创建出不同规格的矩形二维图形。单击此按钮即可以制作出各种不同形状的二维图形，如图 2-15 所示。

矩形的参数命令如图 2-16 所示。

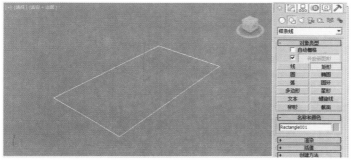 

图 2-15　　　　　　　　　　　　　　　图 2-16

工具解析

- 长度 / 宽度：设置矩形对象的长度和宽度。
- 角半径：设置矩形对象的圆角效果。

3. 圆

单击"圆"按钮可以在场景中创建出不同规格的圆形图形，如图 2-17 所示。

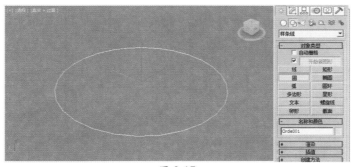

图 2-17

圆的参数命令如图 2-18 所示。

图 2-18

工具解析

- 半径：设置圆的半径。

### 4. 文本

使用"文本"按钮可以在场景中快速创建出文字图形，这些图形配合修改器则可生成形态各异的字体模型，如图 2-19 所示。

文本的参数命令如图 2-20 所示。

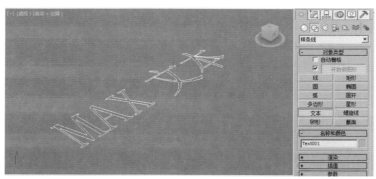

图 2-19                    图 2-20

工具解析

- 字体列表：在字体下拉列表中可以选择不同的字体效果。
- "斜体样式"按钮 *I*：切换斜体文本。
- "下划线样式"按钮 U：切换下划线文本。
- "左侧对齐"按钮 ：将文本与边界框左侧对齐。
- "居中"按钮 ：将文本与边界框的中心对齐。
- "右侧对齐"按钮 ：将文本与边界框右侧对齐。
- "分散对齐"按钮 ：分隔所有文本行以填充边界框的范围。
- 大小：设置文本高度。
- 字间距：调整字间距（字母间的距离）。
- 行间距：调整行间距（行间的距离）。只有图形中包含多行文本时才起作用。
- 文本编辑框：可以输入多行文本。在每行文本之后按下 Enter 键可以开始下一行。

### 5. 截面

使用"截面"按钮 截面 可以将一个平面与三维模型相交的交线处所形成的图形创建成为一个样条线图形，单击此按钮，可以在场景中创建一个"截面"图形，如图 2-21 所示。

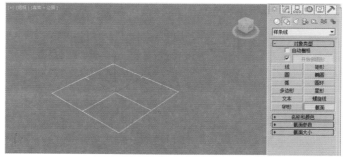

图 2-21

使用"截面"工具时，场景中还需要有一个几何体模型。通过两者的相交处来创建曲线，
如图 2-22 所示。

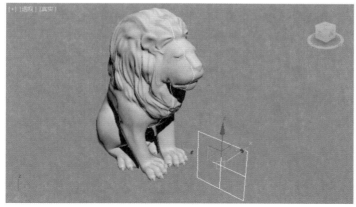

图 2-22

截面的参数命令如图 2-23 所示。

图 2-23

工具解析

- "创建图形"按钮 [创建图形] ：单击此按钮，可基于当前显示的相交线创建图形。
- "更新"组
  - ➤ 移动截面时：在移动或调整截面图形时更新相交线。
  - ➤ 选择截面时：在选择截面图形但未移动时，更新相交线。
  - ➤ 手动：仅在单击"更新截面"按钮 [更新截面] 时更新相交线。
  - ➤ "更新截面"按钮 [更新截面] ：在使用"选择截面时"或"手动"选项时，更新
    相交点，以便与截面对象的当前位置匹配。
- "截面范围"组
  - ➤ 无限：截面平面在所有方向上都是无限的，从而使横截面位于其平面中的任意网
    格几何体上。
  - ➤ 截面边界：仅在截面图形边界内或与其接触的对象中生成横截面。
  - ➤ 禁用：不显示或生成横截面。禁用"创建图形"按钮 [创建图形] 。

**6. 其他图形**

3ds Max 除了上述所讲解的 5 种按钮，还有"椭圆"按钮 椭圆 、"弧"按钮 弧 、"圆环"按钮 圆环 、"多边形"按钮 多边形 、"星形"按钮 星形 、"螺旋线"按钮 螺旋线 和"卵形"按钮 卵形 。由于这些按钮所创建对象的方法及参数设置与前面所讲述的内容基本相同，故不在此重复讲解，这 7 个按钮所对应的图形形态如图 2-24 所示。

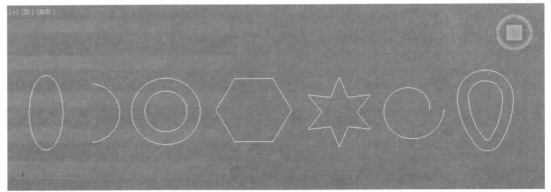

图 2-24

### 2.1.3  创建复合对象

复合对象是指利用场景中的两个或两个以上的物体对象组合成为一个新的物体。下面，来给读者详细介绍复合对象中最为常用的两个命令："布尔"和"放样"。

**1. 布尔**

布尔对象通过对场景中的两个对象执行布尔操作，将它们以并集、交集或相减等方式组合起来。

"布尔"参数面板如图 2-25 所示，有"拾取布尔"卷展栏和"显示 / 更新"卷展栏两个部分。

工具解析

- "拾取操作对象 B"按钮 拾取操作对象B ：此按钮用于选择用以完成布尔操作的第 2 个对象。
- 参考 / 复制 / 移动 / 实例：用于指定将操作对象 B 转换为布尔对象的方式。
- "提取操作对象"按钮 提取操作对象 ：提取选中操作对象的副本或实例。
- "操作"组
  - ➤ 并集：布尔对象包含两个原始对象的体积。将移除几何体的相交部分或重叠部分。
  - ➤ 交集：布尔对象只包含两个原始对象共用的体积。
  - ➤ 差集 (A-B)：从操作对象 A 中减去相交的操作对象 B 的体积，"布尔"对象包含从中减去相交体积的操作对象 A 的体积。

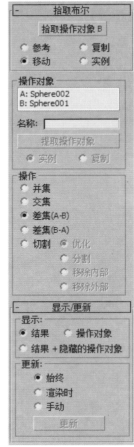

图 2-25

➤ 差集 (B-A)：从操作对象 B 中减去相交的操作对象 A 的体积，"布尔"对象包含从中减去相交体积的操作对象 B 的体积。

➤ 切割：使用操作对象 B 切割操作对象 A，但不给操作对象 B 的网格添加任何东西。"切割"操作将"布尔"对象的几何体作为体积，而不是封闭的实体。且此操作不会将操作对象 B 的几何体添加至操作对象 A 中，操作对象 B 相交部分定义了改变操作对象 A 中几何体的剪切区域。"切割"有 4 种类型，如下所述。

◆ 优化：在操作对象 B 与操作对象 A 面的相交之处，在操作对象 A 上添加新的顶点和边。3ds Max 将采用操作对象 B 相交区域内的面来优化操作对象 A 的结果几何体，由相交部分所切割的面被细分为新的面，可以使用此选项来优化包含文本的长方体，以便为对象指定单独的材质 ID。

◆ 分割：类似于"优化"选项，不过此种剪切还沿着操作对象 B 剪切操作对象 A 的边界，添加第 2 组顶点和边或两组顶点和边，此选项产生属于同一个网格的两个元素，可使用"分割"沿着另一个对象的边界将一个对象分为两个部分。

◆ 移除内部：删除位于操作对象 B 内部的操作对象 A 的所有面，此选项可修改和删除位于操作对象 B 相交区域内部的操作对象 A 的面，它类似于"差集"操作，不同的是 3ds Max 不添加来自操作对象 B 的面。可执行"移除内部"命令从几何体中删除特定区域。

◆ 移除外部：删除位于操作对象 B 外部的操作对象 A 的所有面，此选项可修改和删除位于操作对象 B 相交区域外部的操作对象 A 的面，它类似于"交集"操作，不同的是 3ds Max 不添加来自操作对象 B 的面，可使用"移除外部"从几何体中删除特定区域。

● "显示"组
➤ 结果：显示布尔操作的结果，即"布尔"对象。
➤ 操作对象：显示操作对象，而不是"布尔"结果。
➤ 结果 + 隐藏的操作对象：将"隐藏的"操作对象显示为线框。

● "更新"组
➤ 始终：更改操作对象（包括实例化或引用的操作对象 B 的原始对象）时立即更新"布尔"对象。

➤ 渲染时：仅当渲染场景或单击"更新"按钮 ▇▇▇ 更新 ▇▇ 时才更新"布尔"对象。如果采用此选项，则视图中并不始终显示当前的几何体，但在必要时可以强制更新。

➤ 手动：仅当单击"更新"按钮 ▇▇ 更新 ▇▇ 时，才更新布尔对象。

**2. 放样**

放样对象通过两条或两条以上的样条线组合来产生模型。

"放样"参数面板如图 2-26 所示，分为"创建方法"卷展栏、"曲面参数"卷展栏、"路径参数"卷展栏、"蒙皮参数"卷展栏和"变形"卷展栏 5 个部分。

图 2-26

（1）"创建方法"卷展栏

"创建方法"卷展栏展开如图 2-27 所示。

图 2-27

工具解析

● 获取路径：将路径指定给选定图形，或更改当前指定的路径。

● 获取图形：将图形指定给选定路径，或更改当前指定的图形。

● 移动 / 复制 / 实例：用于指定路径或图形转换为放样对象的方式。

（2）"曲面参数"卷展栏

"曲面参数"卷展栏展开如图 2-28 所示。

图 2-28

工具解析

● "平滑"组

  ➤ 平滑长度：沿着路径的长度提供平滑曲面。

  ➤ 平滑宽度：围绕横截面图形的周界提供平滑曲面。

● "贴图"组

  ➤ 应用贴图：启用和禁用放样贴图坐标，必须启用"应用贴图"才能访问其余的项目。

  ➤ 真实世界贴图大小：控制应用于该对象的纹理贴图材质所使用的缩放方法。

  ➤ 长度重复：设置沿着路径的长度重复贴图的次数，贴图的底部放置在路径的第 1 个顶点处。

  ➤ 宽度重复：设置围绕横截面图形的周界重复贴图的次数，贴图的左边缘将与每个图形的第 1 个顶点对齐。

  ➤ 规格化：根据沿着路径的长度、图形宽度及路径顶点间距来影响贴图。

● "材质"组

  ➤ 生成材质 ID：在放样期间生成材质 ID。

  ➤ 使用图形 ID：提供使用样条线材质 ID 来定义材质 ID 的选择。

（3）"路径参数"卷展栏

"路径参数"卷展栏展开如图 2-29 所示。

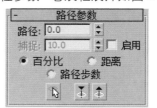

图 2-29

工具解析

● 路径：通过输入值或拖曳微调器来设置路径的级别。

● 捕捉：用于设置沿着路径图形之间的恒定距离。

● 启用：当启用"启用"选项时，"捕捉"处于活动状态，默认设置为禁用状态。

● 百分比：将路径级别表示为路径总长度的百分比。

● 距离：将路径级别表示为路径第一个顶点的绝对距离。

● 路径步数：将图形置于路径步数和顶点上，而不是作为沿着路径的一个百分比或距离。

● "拾取图形"按钮：将路径上的所有图形设置为当前级别。

● "上一个图形"按钮：从路径级别的当前位置上沿路径跳至上一个图形上。

- "下一个图形"按钮↑：从路径层级的
当前位置上沿路径跳至下一个图形上。
（4）"蒙皮参数"卷展栏
"蒙皮参数"卷展栏展开如图 2-30 所示。

图 2-30

工具解析
- "封口"组
  ➤ 封口始端：如果启用，则路径第
  一个顶点处的放样端被封口。如
  果禁用，则放样端为打开或不封
  口状态。默认设置为启用。
  ➤ 封口末端：如果启用，则路径最
  后一个顶点处的放样端被封口。
  如果禁用，则放样端为打开或不
  封口状态。默认设置为启用。
  ➤ 变形：按照创建变形目标所需的
  可预见且可重复的模式排列封口
  面。变形封口能产生细长的面，
  与那些采用栅格封口创建的面一
  样，这些面也不进行渲染或变形。
  ➤ 栅格：在图形边界处修剪的矩形
  栅格中排列封口面。
- "选项"组
  ➤ 图形步数：设置横截面图形的每
  个顶点之间的步数，该值会影响
  围绕放样周界的边的数目。
  ➤ 路径步数：设置路径的每个主分

段之间的步数，该值会影响沿放
样长度方向的分段的数目。
➤ 自适应路径步数：如果启用，则
自动调整路径上的分段数目，以
生成最佳蒙皮。主分段将沿路径
出现在路径顶点、图形位置和变
形曲线顶点处。如果禁用，则主
分段将沿路径只出现在路径顶点
处。默认设置为启用。
➤ 轮廓：如果启用，则每个图形都
将遵循路径的曲率。
➤ 倾斜：如果启用，则只要路径弯曲，
并改变其局部 z 轴的高度，图形
便围绕路径旋转。
➤ 恒定横截面：如果启用，则在路
径中的角处缩放横截面，以保持
路径宽度一致。
➤ 线性插值：如果启用，则使用每
个图形之间的直边生成放样蒙皮；
如果禁用，则使用每个图形之间
的平滑曲线生成放样蒙皮。
➤ 翻转法线：如果启用该选项，则
可以将法线翻转 180 度，可使用
此选项来修正内部外翻的对象。
➤ 四边形的边：如果启用该选项，
且放样对象的两部分具有相同数
目的边，则将两部分缝合到一起
的面将显示为四方形。具有不同
边数的两部分之间的边将不受影
响，仍与三角形连接。
➤ 变换降级：使放样蒙皮在子对象
图形 / 路径变换过程中消失。
（5）"变形"卷展栏
"变形"卷展栏展开如图 2-31 所示。

图 2-31

工具解析

- "缩放"按钮 缩放 ：可以从单个图形中放样对象，该图形在其沿着路径移动时只改变其缩放。
- "扭曲"按钮 扭曲 ：使用变形扭曲可以沿着对象的长度创建盘旋或扭曲的对象，"扭曲"将沿着路径指定旋转量。
- "倾斜"按钮 倾斜 ："倾斜"变形围绕局部 x 轴和 y 轴旋转图形。
- "倒角"按钮 倒角 ：可以制作出具有倒角效果的对象。
- "拟合"按钮 拟合 ：使用拟合变形可以使用两条"拟合"曲线来定义对象的顶部和侧剖面。

## 2.2 修改器建模

### 2.2.1 修改器概述

在 3ds Max 中，使用强大的修改器可以为几何形体添加更多的编辑命令，以便重新塑性，有些修改器还可以以不同的先后顺序添加在物体上得到不同的几何形状。修改器的添加位于"命令"面板中的"修改"面板上，也就是我们创建完物体后，修改其自身参数的地方。在操作视图中选择的对象类型不同，那么修改器的命令也会有所不同，如有的修改器是仅仅针对于图形起作用的，如果在场景中选择了几何体，那么相应的修改器命令就无法在"修改器列表"中找到。再如当我们对图形应用了修改器后，图形就转变成了几何体，这样即使仍然选择的是最初的图形对象，也无法再次添加仅对图形起作用的修改器了。

### 2.2.2 常用修改器

下面，我们来介绍一下常用修改器的参数设置，以便在接下来的项目中熟练使用。

1. "弯曲"修改器

"弯曲"修改器参数设置如图 2-32 所示。

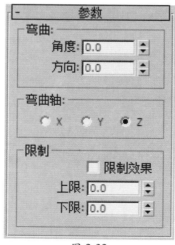

图 2-32

工具解析

- "弯曲"组
  - ➤ 角度：从顶点平面设置要弯曲的角度。
  - ➤ 方向：设置弯曲相对于水平面的方向。
- "弯曲轴"组
  - ➤ X/Y/Z：指定要弯曲的轴。
- "限制"组
  - ➤ 限制效果：将限制约束应用于弯曲效果，默认设置为禁用状态。
  - ➤ 上限：以世界单位设置上部边界，此边界位于弯曲中心点上方，超出此边界，弯曲不再影响几何体，默认值为0。
  - ➤ 下限：以世界单位设置下部边界，此边界位于弯曲中心点下方，超出此边界，弯曲不再影响几何体，默认值为0。

2. "车削"修改器

"车削"修改器参数设置如图2-33所示。

图 3-33

工具解析

- 度数：确定对象绕轴旋转多少度。可以给"度数"设置关键点，来设置车削对象圆环增强的动画，"车削"轴自动将尺寸调整到与要车削图形同样的高度。
- 焊接内核：通过将旋转轴中的顶点焊接来简化网格。如果要创建一个变形目标，禁用此选项。
- 翻转法线：依赖图形上顶点的方向和旋转方向，旋转对象可能会内部外翻，切换"翻转法线"复选框来修正它。
- 分段：在起始点之间，确定在曲面上创建多少插补线段。此参数也可设置动画，默认值为16。
- "封口"组

如果设置的车削对象的"度"小于360°，它控制是否在车削对象内部创建封口。

- ➤ 封口始端：封口设置的"度"小于360°的车削对象的始点，并形成闭合图形。
- ➤ 封口末端：封口设置的"度"小于360°的车削的对象终点，并形成闭合图形。
- ➤ 变形：按照创建变形目标所需的可预见且可重复的模式排列封口面，渐进封口可以产生细长的面，而不像栅格封口需要渲染或变形，如果要车削出多个渐进目标，主要使用渐进封口的方法。
- ➤ 栅格：在图形边界上的方形修剪栅格中安排封口面。此方法产生尺寸均匀的曲面，可使用其他修改器容易地将这些曲面变形。
- "方向"组

相对对象轴点，设置轴的旋转方向。

- ➤ X/Y/Z：相对对象轴点，设置轴的旋转方向。
- "对齐"组
  - ➤ 最小/居中/最大：将旋转轴与图

形的最小、居中或最大范围对齐。

● "输出"组

➤ 面片：产生一个可以折叠到面片
对象中的对象。

➤ 网格：产生一个可以折叠到网格
对象中的对象。

➤ NURBS：产生一个可以折叠到
NURBS对象中的对象。

➤ 生成贴图坐标：将贴图坐标应用
到车削对象中。当"度"的值小
于360并启用"生成贴图坐标"时，
启用此选项时，将另外的图坐标
应用到末端封口中，并在每一封
口上放置一个1×1的平铺图案。

➤ 真实世界贴图大小：控制应用于
该对象的纹理贴图材质所使用的
缩放方法。缩放值由位于应用材
质的"坐标"卷展栏中的"使用
真实世界比例"设置控制，默认
设置为启用。

➤ 生成材质ID：将不同的材质ID
指定给挤出对象侧面与封口。具
体情况为，侧面接收ID 3，封口（当
"度"小于360且车削图形闭合时）
接收ID 1和2，默认设置为启用。

➤ 使用图形ID：将材质ID指定给
在挤出产生的样条线中的线段，
或指定给在NURBS挤出产生的
曲线子对象，仅当启用"生成材
质ID"时，"使用图形ID"可用。

➤ 平滑：给车削图形应用平滑命令。

3. "球形化"修改器

"球形化"修改器参数设置如图2-34
所示。

图 2-34

工具解析

● 百分比：设置应用于对象的球形化扭
曲的百分比。

4. "涡轮平滑"修改器

"涡轮平滑"修改器参数设置如图2-35
所示。

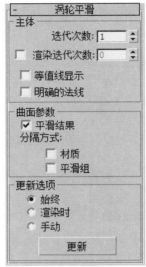

图 2-35

工具解析

● "主体"组

➤ 主体：用于设置涡轮平滑的基本
参数。

➤ 迭代次数：设置网格细分的次数。
增加该值时，每次新的迭代会通过
在迭代之前对顶点、边和曲面创建
平滑差补顶点来细分网格，修改器
会细分曲面来使用这些新的顶点，
默认值为1。范围为0至10。

➤ 渲染迭代次数：允许在渲染时选
择一个不同数量的平滑迭代次数
应用于对象，启用渲染迭代次数，
并使用右边的字段来设置渲染迭
代次数。

➤ 等值线显示：启用该选项后，
3ds Max仅显示等值线，即对象
在进行光滑处理之前的原始边
缘，使用此项的好处是减少混乱
的显示，禁用后3ds Max会显示
通过涡轮平滑添加的所有面，因
此更高的迭代次数会产生更多数
量的线条，默认设置为禁用状态。

- "曲面参数"组
  - ➤ 曲面参数：允许通过曲面属性对对象应用平滑组并限制平滑效果。
  - ➤ 平滑结果：对所有曲面应用相同的平滑组。
  - ➤ 材质：防止在不共享材质 ID 的曲面之间的边创建新曲面。
  - ➤ 平滑组：防止在不共享至少一个平滑组的曲面之间的边上创建新曲面。

# 2.3　多边形建模

## 2.3.1　创建多边形对象

多边形对象的创建方法主要有两种，一种为选择要修改的对象直接塌陷转换为"可编辑的多边形"，另一种为在"修改"面板的下拉列表中为对象添加"编辑多边形"修改器命令。下面，我们一起学习创建多边形对象的这两种方式。

第 1 种方式：创建多边形对象的第 1 种方式可以选择视图中的物体，单击鼠标右键，并在弹出的快捷菜单上执行"转换为 > 转换为可编辑多边形"命令，这样，该物体则被快速塌陷为多边形对象，如图 2-36 所示。

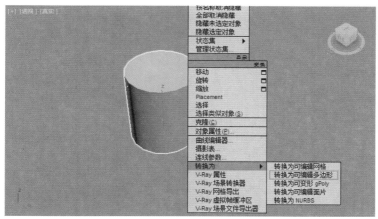

图 2-36

第 2 种方式：单击选择视图中的模型，在"修改器列表"中找到并添加"编辑多边形"修改器，如图 2-37 所示。

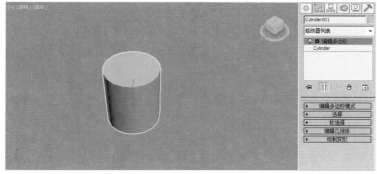

图 2-37

### 2.3.2　多边形对象的子对象层级

可编辑多边形为用户提供了使用子对象层级的功能，通过使用不同的子对象层级，来配合层级内不同的命令可以更加方便、直观地进行模型的修改工作。这使得我们在开始对模型进行修改之前，一定要先单击以选定这些独立的子对象层级命令。只有处于一种特定的层级模式时，才能选择视口中模型的对应子对象。比如说，要选择模型上的点来进行操作，那么就一定要先进入"顶点"子层级才可以。

多边形的子对象层级为"顶点""边""边界""多边形"和"元素"，如图2-38所示。当进入多边形的层级时，可以使用不同子对象层级所对应的卷展栏命令。

图 2-38

#### 1."编辑顶点"卷展栏

在"顶点"子对象层级中，可以激活并使用"编辑顶点"卷展栏，其参数命令如图2-39所示。

图 2-39

工具解析

- "移除"按钮 移除 ：删除选中的顶点，并接合起使用它们的多边形，键盘快捷键是 Backspace 键。
- "断开"按钮 断开 ：在与选定顶点相连的每个多边形上，都创建一个新顶点，这可以使多边形的转角相互分开，使它们不再相连于原来的顶点上，如果顶点是孤立的或者只有一个多边形使用，则顶点将不受影响。
- "挤出"按钮 挤出 ：可以手动挤出顶点，方法是在视图中直接操作。单击此按钮，然后垂直拖曳到任何顶点上，就可以挤出此顶点。
- "焊接"按钮 焊接 ：对"焊接"助手中指定的公差范围内选定的连续顶点进行合并，所有边都会与产生的单个顶点连接。
- "切角"按钮 切角 ：单击此按钮，然后在活动对象中拖动顶点。
- "目标焊接"按钮 目标焊接 ：可以选择一个顶点，并将它焊接到相邻目标顶点。
- "连接"按钮 连接 ：在选中的顶点对之间创建新的边。
- "移除孤立顶点"按钮 移除孤立顶点 ：将不属于任何多边形的所有顶点删除。
- "移除未使用的贴图顶点"按钮 移除未使用的贴图顶点 ：某些建模操作会留下未使用的贴图顶点，它们会显示在"展开 UVW"编辑器中，但是不能用于贴图，可以使用这一按钮，来自动删除这些贴图顶点。

#### 2."编辑边"卷展栏

在"边"子对象层级中，可以激活并使用"编辑边"卷展栏，其参数命令如图2-40所示。

图 2-40

工具解析

- "插入顶点"按钮 插入顶点 ：用于手动细分可视的边。
- "移除"按钮 移除 ：删除选定边，并组合使用这些边的多边形。
- "分割"按钮 分割 ：沿着选定边分割网格。
- "挤出"按钮 挤出 ：直接在视图中操纵时，可以手动挤出边。单击此按钮，然后垂直拖动任何边，以便将其挤出。
- "焊接"按钮 焊接 ：指定的阈值范围内的选定边进行合并。
- "切角"按钮 切角 ：边切角可以"砍掉"选定边，从而为每个切角边创建两个或更多新边。它还会创建一个或多个连接新边的多边形。
- "目标焊接"按钮 目标焊接 ：用于选择边并将其焊接到目标边。
- "桥"按钮 桥 ：使用多边形的"桥"连接对象的边，桥只连接边界边，也就是只在一侧有多边形的边。在创建边循环或剖面时，该工具特别有用。
- "连接"按钮 连接 ：使用当前的"连接边"设置在选定边对之间创建新边。

- "利用所选内容创建图形"按钮 利用所选内容创建图形 ：选择一条或多条边后，单击此按钮，可使用选定边来创建一个或多个样条线形状。

3. "编辑边界"卷展栏

在"边界"子对象层级中，可以激活并使用"编辑边界"卷展栏，其参数命令如图 2-41 所示。

图 2-41

工具解析

- "挤出"按钮 挤出 ：通过直接在视图中操纵，对边界进行手动挤出处理。单击此按钮，然后垂直拖动任何边界，以便将其挤出。
- "插入顶点"按钮 插入顶点 ：用于手动细分边界边。
- "切角"按钮 切角 ：单击该按钮，然后拖动活动对象中的边界，不需要先选中该边界。
- "封口"按钮 封口 ：使用单个多边形封住整个边界环。
- "桥"按钮 桥 ：用"桥"多边形连接对象上的边界对。
- "连接"按钮 连接 ：在选定边界边对之间创建新边，这些边可以通过其中点相连。
- "利用所选内容创建图形"按钮 利用所选内容创建图形 ：选择一个或多个边界后，单击此按钮可使用选定边来创建一个或多个样条线图形。

4."编辑多边形"卷展栏

在"多边形"子对象层级中，可以激活并使用"编辑多边形"卷展栏，其参数命令如图2-42所示。

图 2-42

工具解析

- "插入顶点"按钮 ：用于手动细分多边形。
- "挤出"按钮 挤出 ：直接在视图中操纵时，可以执行手动挤出操作。
- "倒角"按钮 倒角 ：通过直接在视图中操纵，执行手动倒角操作。
- "插入"按钮 插入 ：执行没有高度的倒角操作，即在选定多边形的平面内执行该操作。
- "桥"按钮 桥 ：使用多边形的"桥"连接对象上的两个多边形或选定多边形。
- "翻转"按钮 翻转 ：反转选定多边形的法线方向。
- "从边旋转"按钮 从边旋转 ：通过在视图中直接操纵执行手动旋转操作。
- "沿样条线挤出"按钮 沿样条线挤出 ：沿样条线挤出当前的选定内容。

- "编辑三角剖分"按钮 编辑三角剖分 ：可以通过绘制内边修改多边形细分为三角形的方式。
- "重复三角算法"按钮 重复三角算法 ：允许3ds Max对当前选定的多边形自动执行最佳的三角剖分操作。
- "旋转"按钮 旋转 ：用于通过单击对角线修改多边形细分为三角形的方式。

5."编辑元素"卷展栏

在"元素"子对象层级中，可以激活并使用"编辑元素"卷展栏，其参数命令如图2-43所示。

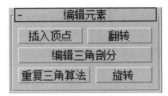

图 2-43

工具解析

- "插入顶点"按钮 插入顶点 ：用于手动细分多边形。
- "翻转"按钮 翻转 ：反转选定多边形的法线方向。
- "编辑三角剖分"按钮 编辑三角剖分 ：可以通过绘制内边修改多边形细分为三角形的方式。
- "重复三角算法"按钮 重复三角算法 ：允许3ds Max对当前选定的多边形自动执行最佳的三角剖分操作。
- "旋转"按钮 旋转 ：用于通过单击对角线修改多边形细分为三角形的方式。

## 2.4 制作椅子模型

本章主要讲解一个工业模型实例，通过这一实例，使读者对3ds Max的建模流程有所了解，并达到可以通过一些常用命令来制作完整模型的程度。图2-44所示为本案例的渲染效果表现图。

图 2-44

**01** 在"创建"面板中，单击"线"按钮，在"左"视图中绘制出椅子扶手的侧面图形，如图 2-45 所示。

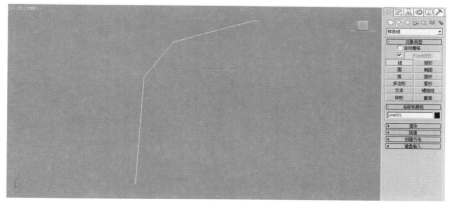

图 2-45

**02** 按下快捷键 1，进入曲线的"顶点"子层级。在"顶"视图中，调整曲线的"顶点"位置如图 2-46 所示。

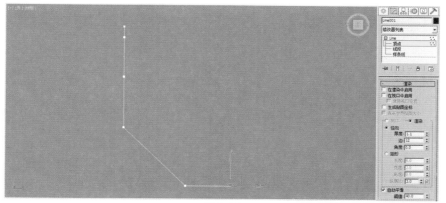

图 2-46

**03** 选择曲线上所有的顶点，单击鼠标右键，在弹出的快捷菜单中执行"Bezier 角点"命令，如图 2-47 所示。将所有的顶点转换为"Bezier 角点"，如图 2-48 所示。

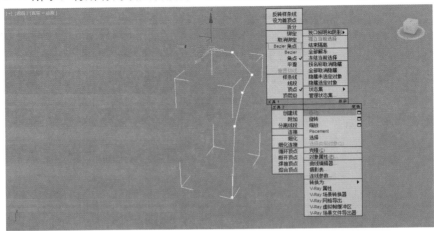

图 2-47

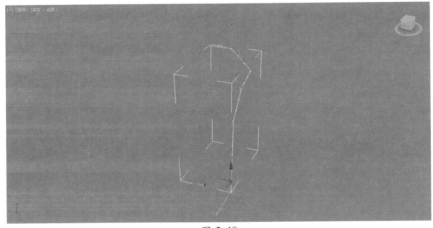

图 2-48

**04** 调整所有顶点的 Bezier 手柄，控制曲线弧度如图 2-49 所示。

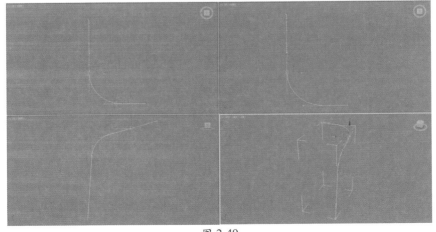

图 2-49

05 在"修改"面板中，单击展开"渲染"卷展栏，勾选"在渲染中启用"复选项和"在视口中启用"复选项，并设置曲线的"厚度"值为1.1，"边"的值为12，如图2-50所示。

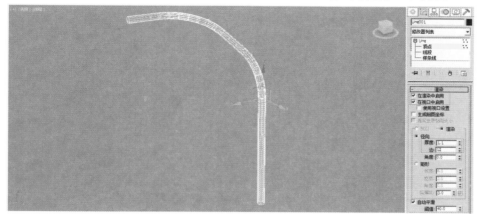

图 2-50

06 在"修改器列表"中，为曲线添加"对称"修改器，如图2-51所示。

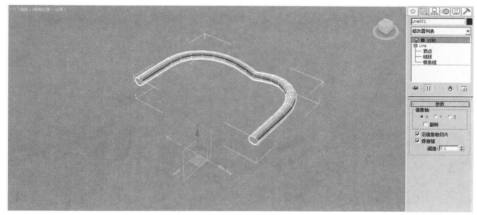

图 2-51

07 按下快捷键1，进入"对称"修改器的"镜像"子层级中，设置"镜像轴"为Z，并调整椅子扶手的形态，如图2-52所示。

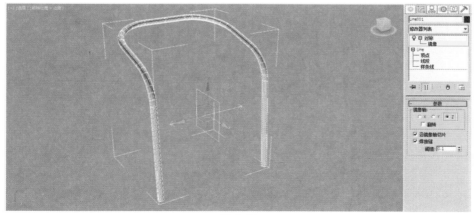

图 2-52

08 在"创建"面板中,单击"线"按钮,在"左"视图中绘制出一根曲线,如图 2-53 所示。

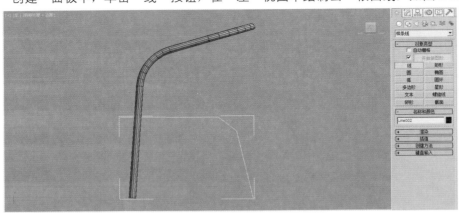

图 2-53

09 使用相同的方式调整曲线的形态至图 2-54 所示。

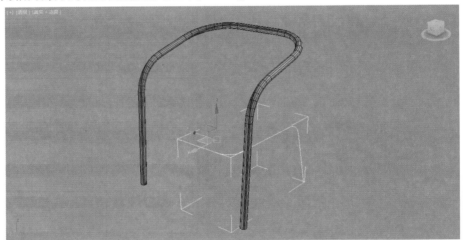

图 2-54

10 在"修改"面板中,单击展开"渲染"卷展栏,勾选"在渲染中启用"复选项和"在视口中启用"复选项,并设置曲线的"厚度"值为1.1,"边"的值为12,如图 2-55 所示。

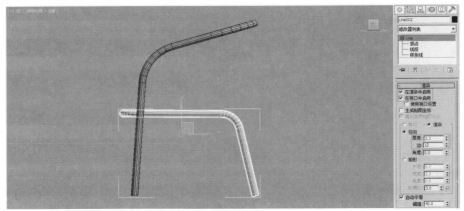

图 2-55

**11** 在"修改器列表"中，为曲线添加"对称"修改器，并调整模型的形态至图 2-56 所示效果。

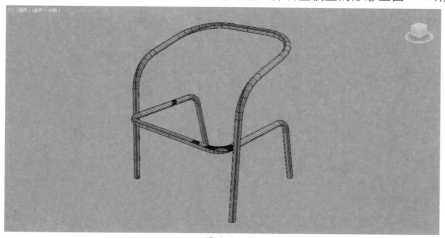

图 2-56

**12** 使用同样的方法制作椅子其他钢结构的支撑部分，制作完成后如图 2-57 所示。

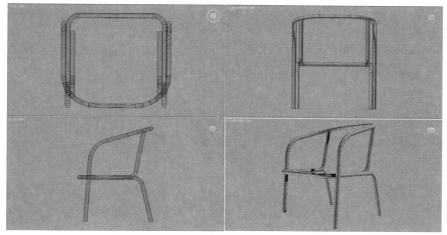

图 2-57

**13** 单击"切角长方体"按钮，在"顶"视图中创建一个切角长方体，如图 2-58 所示。

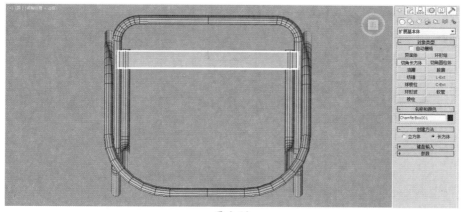

图 2-58

**14** 在"修改"面板中，设置切角长方体的"长度"值为 2.146，"宽度"值为 21.404，"高度"值为 0.545，"圆角"值为 0.094，"长度分段"值为 1，"宽度分段"值为 19，"高度分段"值为 1，"圆角分段"值为 4，如图 2-59 所示。

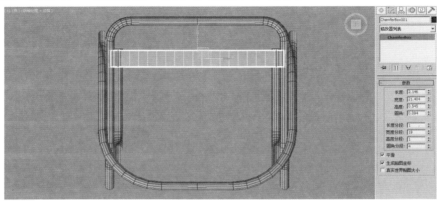

图 2-59

**15** 在"透视"视图中，调整切角长方体的位置至图 2-60 所示效果。

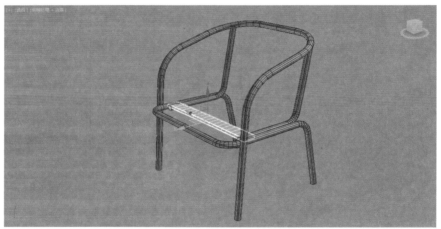

图 2-60

**16** 在"修改"面板中，为切角长方体添加"弯曲"修改器，并调整弯曲的"角度"值为 -12.5，如图 2-61 所示。

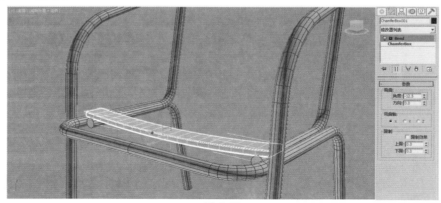

图 2-61

**17** 在"创建"面板中，单击"圆柱体"按钮，在"顶"视图中创建一个圆柱体，如图 2-62 所示。

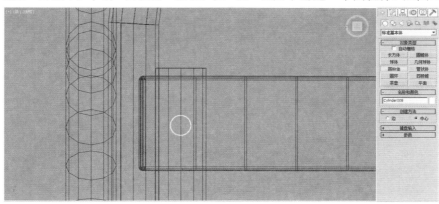

图 2-62

**18** 在"修改"面板中，设置圆柱体的"半径"值为 0.219，"高度"值为 0.128，"高度分段"值为 1，"端面分段"值为 1，"边数"值为 6，如图 2-63 所示。

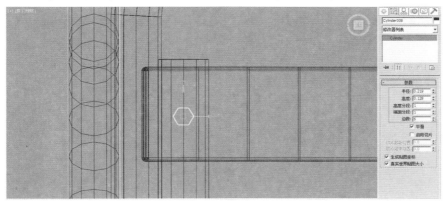

图 2-63

**19** 在"前"视图中，调整圆柱体的位置，如图 2-64 所示。

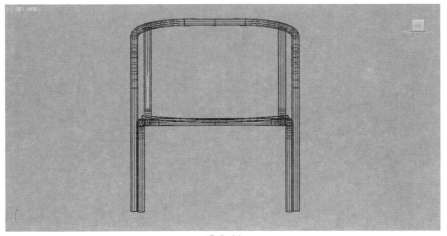

图 2-64

**20** 在"修改"面板中，为圆柱体添加"编辑多边形"修改器，如图 2-65 所示。

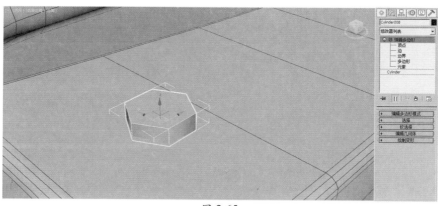

图 2-65

**21** 按下快捷键4，进入到"多边形"子层级，选择图 2-66 所示的面，对其进行"插入"操作，并设置插入的"数量"值为 0.06，在所选择的面上插入一个面，如图 2-67 所示。

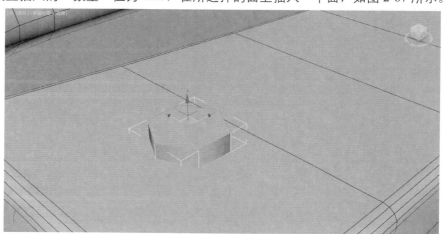

图 2-66

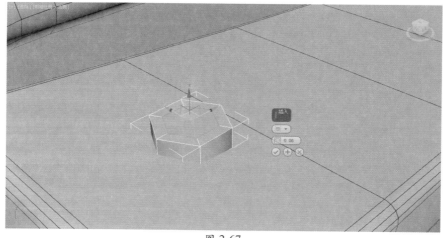

图 2-67

**22** 对当前所选择的面进行"挤出"操作，并设置挤出的"数量"值为 -0.06，如图 2-68 所示。

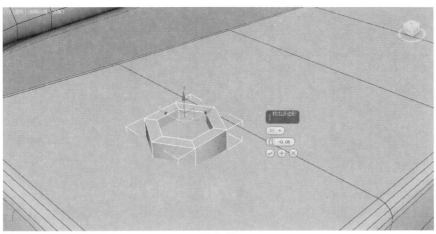

图 2-68

**23** 在"边"子层级中，选择图 2-69 所示的两条边，单击"选择"卷展栏内的"循环"按钮 ![循环]，选择图 2-70 所示的边线。

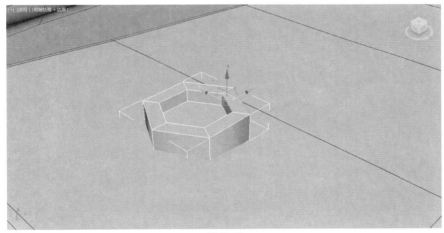

图 2-69

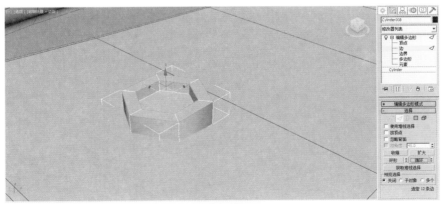

图 2-70

**24** 对所选择的边线进行"切角"操作，并设置切角的"数量"值为 0.02，"分段"值为 2，如图 2-71 所示，制作出螺丝的细节。

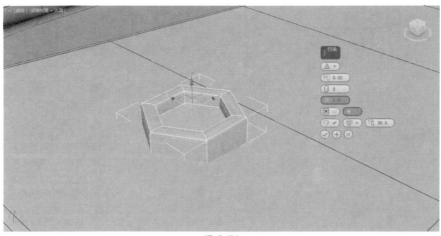

图 2-71

25 制作完成后，调整螺丝模型的旋转角度至图 2-72 所示效果。

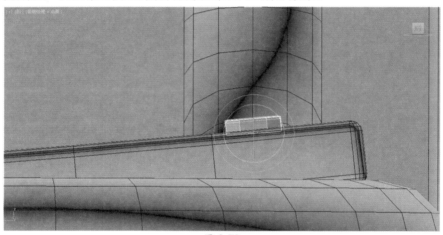

图 2-72

26 在"实用程序"面板中，单击"重置变换"按钮，在展开的"重置变换"卷展栏中，单击"重置选定内容"按钮，如图 2-73 所示。此命令可为螺丝模型重置变换，同时，在"修改"面板中观察，可发现在修改器堆栈中多出一个"X 变换"修改器，如图 2-74 所示。

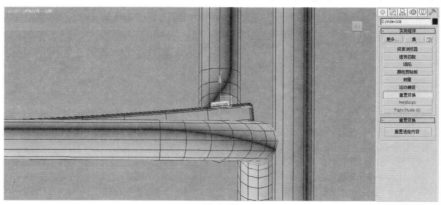

图 2-73

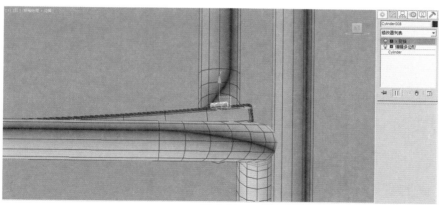

图 2-74

**27** 在"修改"面板中，添加"对称"修改器，对称复制出椅子另一侧的螺丝模型，并调整螺丝的形态至图 2-75 所示。

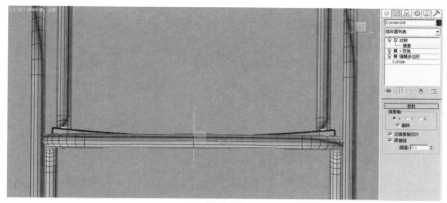

图 2-75

**28** 在"透视"视图中，观察椅子上的木板模型细节，如图 2-76 所示。

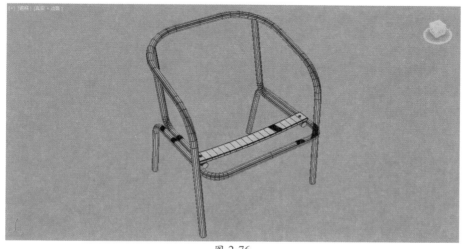

图 2-76

**29** 这样，制作椅子所需要的模型结构就全部制作完成了。接下来，在"顶"视图中，选择椅子模型上的木板模型和螺丝模型，并对其进行复制，如图 2-77 所示。

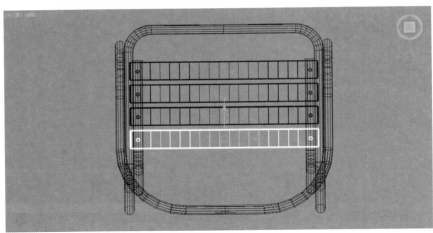

图 2-77

**30** 在"左"视图中，继续复制椅子模型上的木板模型和螺丝模型，并调整其位置和角度至图 2-78 所示。

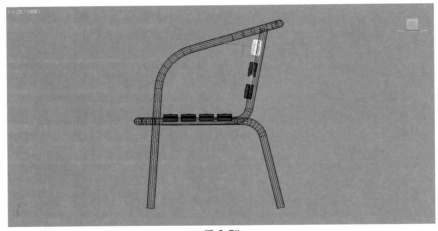

图 2-78

**31** 这样，椅子的模型制作就完成了，椅子模型的最终效果如图 2-79 所示。

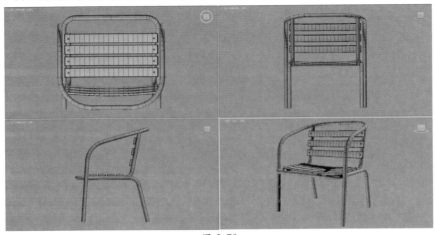

图 2-79

# 第 3 章

灯光与材质技术

## 3.1 灯光概述

灯光设置是整个三维项目中非常重要的一环，是渲染作品真实感觉的重要手段。使用功能强大的灯光工具，可以轻松地为我们的场景添加光与影。在设置灯光前应该充分考虑我们所要达到的照明效果，切不可抱着能打出什么样灯光效果就算什么灯光效果的侥幸心理。只有认真并有计划地设置好灯光后，所产生的渲染结果才能打动人心。

灯光不仅仅可以照亮物体，还可以在表现场景气氛、天气效果等方面起着至关重要的作用。在设置灯光时，如果场景中灯光过于明亮，渲染出来的画面则会处于一种曝光状态；如果场景中的灯光过于暗淡，则渲染出来的画面有可能显得比较平淡，毫无吸引力可言，甚至导致画面中的很多细节无法体现。总而言之，没有灯光的图像再怎么渲染都暗淡失色，图3-1所示为场景中添加了灯光前后的图像渲染效果对比。

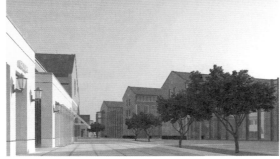

图 3-1

设置灯光时，灯光的种类、颜色及位置应来源于生活。我们不可能轻松地制作出一个从未见过类似的光照环境，所以学习灯光时需要我们对现实中的不同光照环境处处留意。

### 3.1.1 标准灯光

3ds Max 为用户提供的"标准"灯光里包括有 8 个灯光按钮，分别为"目标聚光灯"按钮 目标聚光灯 、"自由聚光灯"按钮、 自由聚光灯 "目标平行光"按钮 目标平行光 、"自由平行光"按钮 自由平行光 、"泛光"按钮 泛光 、"天光"按钮 天光 、mr Area Omni 按钮 mr Area Omni 和 mr Area Spot 按钮 mr Area Spot ，如图3-2所示。

图 3-2

### 1. 目标聚光灯

"目标聚光灯"的光线照射方式与手电筒、舞台光束灯等的照射方式非常相似，都是从一个点光源向一个方向发射光线。"目标聚光灯"有一个可控的目标点，无论怎样移动聚光灯的位置，光线始终照射目标所在的位置。"目标聚光灯"创建完成后如图3-3所示。

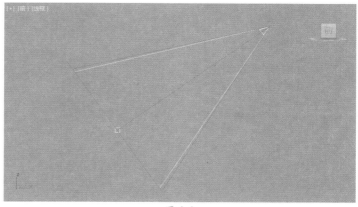

图 3-3

### 2. 自由聚光灯

"自由聚光灯"与"目标聚光灯"基本一样，区别只是在于"自由聚光灯"没有目标点，"自由聚光灯"创建完成后如图3-4所示。

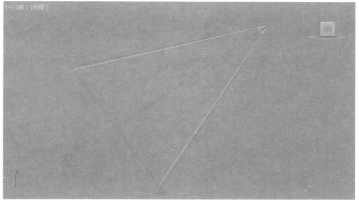

图 3-4

### 3. 目标平行光

"目标平行光"是从一个区域向另一个方向发射灯光，"目标平行光"创建完成后如图3-5所示。

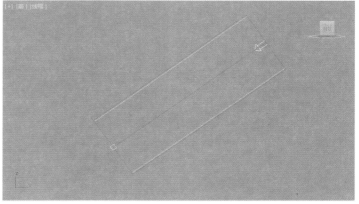

图 3-5

### 4. 自由平行光

"自由平行光"与"目标平行光"基本一样，区别只是在于"自由平行光"没有目标点，"自由平行光"创建完成后如图3-6所示。

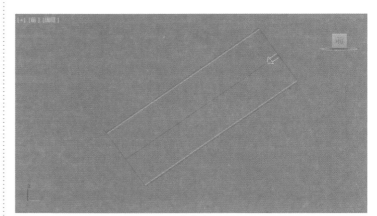

图 3-6

### 5. 泛光

"泛光"用来模拟单个光源向各个方向投影光线，优点在于方便创建而不必考虑照射范围。"泛光"常常用于模拟灯泡、烛光等这样的点光源照明，"泛光"创建完成后如图3-7所示。

图 3-7

### 6. 天光

"天光"主要用来模拟天空光，常常用来作为环境中的补光。"天光"也可以作为场景中的唯一光源，这样可以模拟阴天环境下，无直射阳光的光照场景。与其他灯光不同，"天光"的照射区域及明亮程度不受其本身的位置和方向影响，只要场景里有"天光"图标即可。"天光"创建完成后如图3-8所示。

图 3-8

### 3.1.2 VRay 灯光

安装好 VRay 渲染器后，在创建"灯光"面板中，设置"灯光"的下拉列表为 VRay，便可以创建 VRay 提供的灯光，VRay 灯光为用户提供了"VR-灯光"按钮 VR-灯光 、"VRayIES"按钮 VRayIES 、"VR-环境灯光"按钮 VR-环境灯光 和"VR-太阳"按钮 VR-太阳 这 4 个选项，如图 3-9 所示。

图 3-9

### 1.VR-灯光

"VR-灯光"是制作室内空间表现使用频率最高的灯光，可以模拟灯泡、灯带、面光源及任何形状的发光体，"VR-灯光"在场景中创建完成后如图 3-10 所示，在默认状态下为"平面"类型的光源。

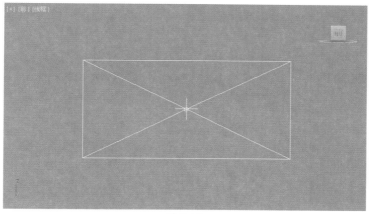

图 3-10

选择"VR-灯光"，在"修改"面板中可以看到"VR-灯光"还可以设置为"穹顶""球形"和"网格"这 3 种类型，如图 3-11 所示。图 3-12 所示为"VR-灯光"这 4 种类型下的不同形态。

图 3-11

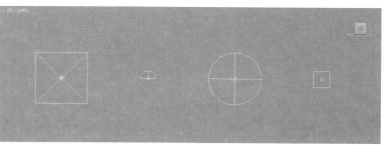

图 3-12

2.VRayIES

VRayIES 可以用来模拟射灯、筒灯等光照，与 3ds Max 所提供的"光度学"类型中的"目标灯光"很接近。单击创建面板上的 VRayIES 按钮，在场景中即可创建出一个带有目标点的 VRayIES 灯光，如图 3-13 所示。

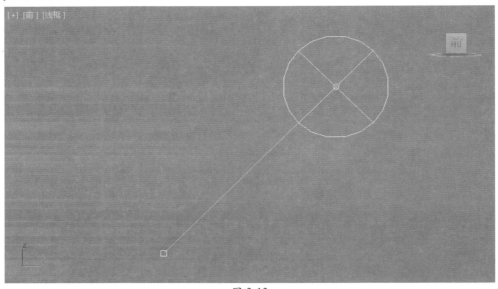

图 3-13

## 3.2 材质编辑器

3ds Max 所提供的"材质编辑器"对话框里面不但包含了所有的材质及贴图命令，还提供了大量预先设置好的材质以供用户选择使用。3ds Max 的"材质编辑器"面板分为"Slate 材质编辑器"和"精简材质编辑器"两种，通过单击"主工具栏"上的"材质编辑器"按钮，即可分别打开"材质编辑器"的这两种面板，如图 3-14 所示。

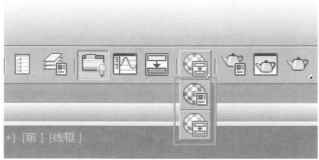

图 3-14

图 3-15 所示分别为"Slate 材质编辑器"面板和"精简材质编辑器"面板。由于在实际的工作中，"精简材质编辑器"更为常用，故本书以"精简材质编辑器"来进行讲解。

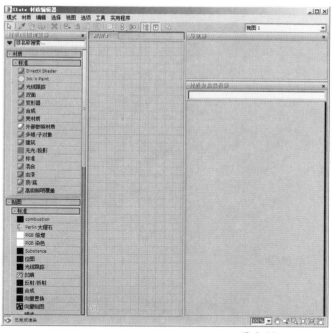
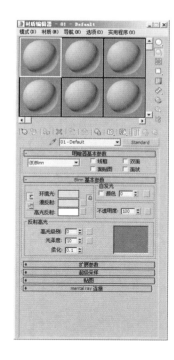

图 3-15

## 3.2.1 菜单栏

"材质编辑器"对话框的菜单栏中包含了"模式""材质""导航""选项"和"实用程序"5 个菜单。

### 1. 模式

"模式"内仅有两个命令，是用来进行"Slate 材质编辑器"与"精简材质编辑器"之间的切换，如图 3-16 所示。

参数解析

● 精简材质编辑器：
如果用户在 3ds Max 2011 发布之前使用过 3ds Max 软件，"精简材质编辑器"应当是用户最为熟悉的界面，它是一个相当小的对话框，其中包含各种材质的快速预览。如果用户要指定已经设计好的材质，那么"精简材质编辑器"仍是一个实用的界面，如图 3-17 所示。

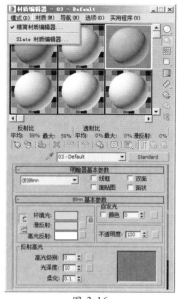

图 3-16

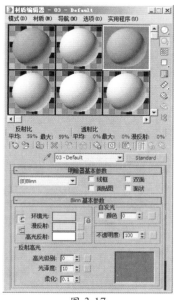

图 3-17

- Slate 材质编辑器："Slate 材质编辑器"是一个较大的对话框,在其中,材质和贴图显示为可以关联在一起以创建材质树的节点,包括 MetaSL 明暗器产生的现象。如果用户要设计新材质,则"Slate 材质编辑器"尤其有用,它包括搜索工具以帮助用户管理具有大量材质的场景,如图 3-18 所示。

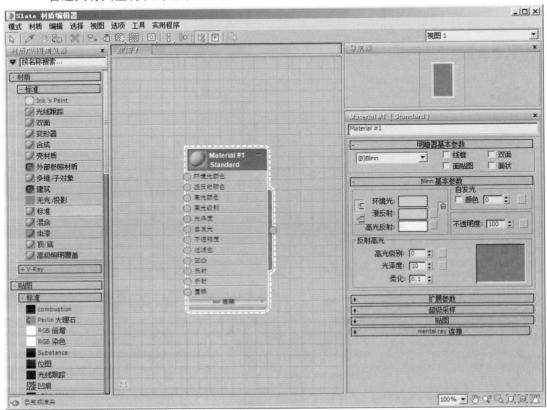

图 3-18

## 2. 材质

"材质"菜单里主要用来获取材质、从对象选取材质等,如图 3-19 所示。

参数解析

- 获取材质:执行该命令,可以打开"材质/贴图浏览器"对话框,在该对话框中可以选择材质或者贴图。
- 从对象选取:可以从场景中的对象上选择材质。
- 按材质选择:根据所选材质球来选择被赋予该材质球的物体。
- 在 ATS 对话框中高亮显示资源:如果材质使用的是已跟踪资源的贴图,那么执行该命令,可以打开"资源跟踪"对话框,同时资源会高亮显示。
- 指定给当前选择:执行该命令,可以将当前材质应用于场景中的选定对象。
- 放置到场景:在编辑材质完成后,执行该命令,可以更新场景中的材质效果。
- 放置到库:执行该命令,可以将选定的材质添加到材质库中。
- 更改材质/贴图类型:执行该命令,可以更改材质或贴图的类型。

- 生成材质副本：通过复制自身的材质，生成一个材质副本以供使用。

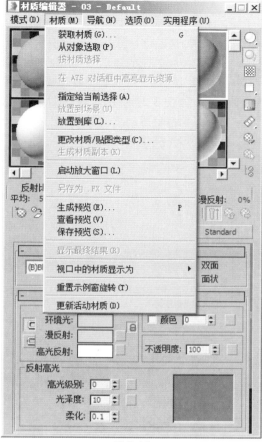

图 3-19

- 启动放大窗口：将材质实例窗口放大，并在一个单独的窗口中进行显示。
- 另存为 .FX 文件：将材质另存为 FX 文件。
- 生成预览：使用动画贴图为场景添加运动，并生成预览。
- 查看预览：使用动画贴图为场景添加运动，并查看预览。
- 保存预览：使用动画贴图为场景添加运动，并保存预览。
- 显示最终结果：查看所在级别的材质。
- 视图中的材质显示为：选择在视图中显示材质的方式，共有"没有贴图的明暗处理材质""有贴图的明

暗处理材质""没有贴图的真实材质"和"有贴图的真实材质"4 种可选。

- 重置示例窗旋转：使活动的示例窗对象恢复到默认方向。
- 更新活动材质：更新示例窗中的活动材质。

3. 导航

"导航"菜单主要用来切换材质或贴图的层级，如图 3-20 所示。

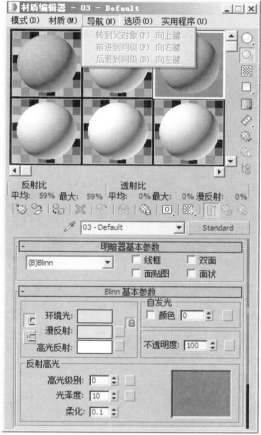

图 3-20

参数解析

- 转到父对象：在当前材质中向上移动一个层级，快捷键为向上键。
- 前进到同级：移动到当前材质中的相同层级的下一个贴图或材质，快捷键为向右键。

- 后退到同级：与"前进到同级"类似，只是导航到前一个同级贴图，而不是导航到后一个同级贴图，快捷键为向左键。

4. 选项

"选项"菜单里主要用来更换材质球的显示背景等，如图3-21所示。

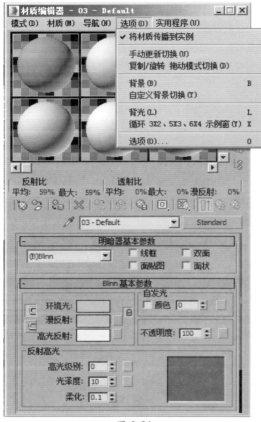

图 3-21

参数解析

- 将材质传播到实例：将指定的任何材质传播到场景中对象的所有实例。
- 手动更新切换：使用手动的方式进行更新切换。
- 复制/旋转 拖动模式切换：切换复制/旋转拖动的模式。
- 背景：将多颜色的方格背景添加到活动示例窗中。

- 自定义背景切换：如果已经指定了自定义背景，该命令可以用来切换自定义背景的显示效果。
- 背光：将背光添加到活动示例窗中。
- 循环 3×2、5×3、6×4 示例窗：用来切换材质球的显示方式。
- 选项：打开"材质编辑器选项"对话框，如图3-22所示，在该对话框中可以启用材质动画、加载自定义背景、定义灯光亮度等命令。

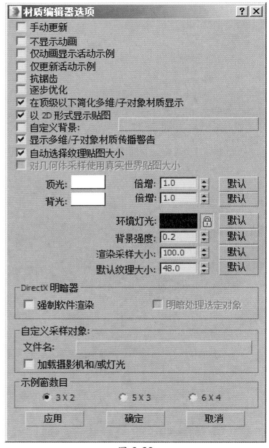

图 3-22

5. 实用程序

"实用程序"菜单主要用来执行清理多维材质、重置"材质编辑器"等操作，如图3-23所示。

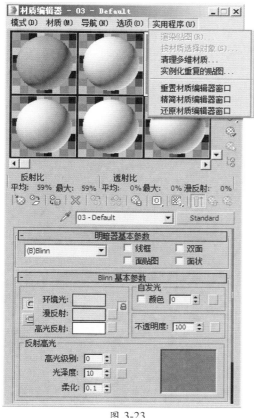

图 3-23

参数解析

- 渲染贴图：对贴图进行渲染。
- 按材质选择对象：可以基于"材质编辑器"对话框中的活动材质来选择对象。
- 清理多维材质：对"多维／子对象"材质进行分析，然后在场景中显示所有包含未分配任何材质 ID 的材质。
- 实例化重复的贴图：在整个场景中查找具有重复位图贴图的材质，并提供将它们实例化的选项。
- 重置材质编辑器窗口：用默认的材质类型替换"材质编辑器"中的所有材质球。
- 精简材质编辑器窗口：将"材质编辑器"对话框中所有未使用的材质设置为默认类型。
- 还原材质编辑器窗口：利用缓冲区的内容还原编辑器的状态。

### 3.2.2 材质球示例窗口

"材质球示例窗口"主要用来显示材质的预览效果，通过观察示例窗口中的材质球，可以很方便地查看我们调整相应参数所对材质的影响结果，如图 3-24 所示。

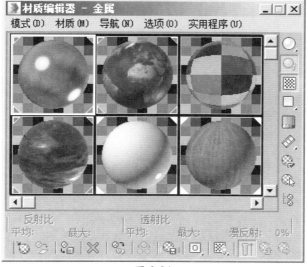

图 3-24

在材质球示例窗口中,选择任意材质球,可以通过双击的方式打开独立的材质球显示窗口,并可以随意调整大小以便观察, 如图3-25所示。

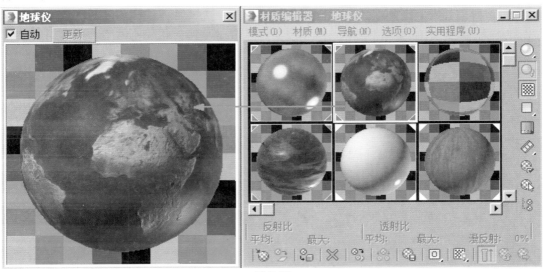

图 3-25

**小技巧:**

在默认情况下, 材质球示例窗内共有12个材质球,通过拖曳滚动条的方式可以显示出其他的材质球,也可以通过在材质球上单击鼠标右键来选择材质球显示为不同数目,如图3-26所示。

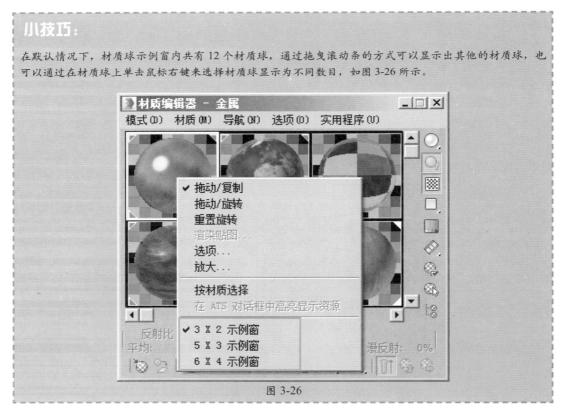

图 3-26

使用鼠标左键可以将一个材质球拖曳到另一个材质球上,这样当前材质就会覆盖掉原来的材质, 如图3-27所示。

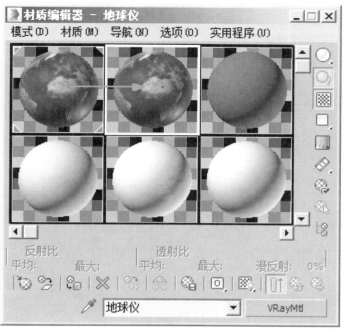

图 3-27

使用鼠标左键可以将材质球拖曳到视图中的物体对象上，当材质指定给物体后，观察材质球示例窗，可以看到材质球的 4 个边角呈高亮显示，如图 3-28 所示。

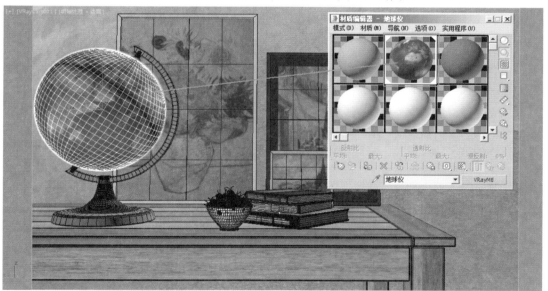

图 3-28

### 3.2.3 工具栏

材质编辑器中含有两个工具栏，如图 3-29 所示。

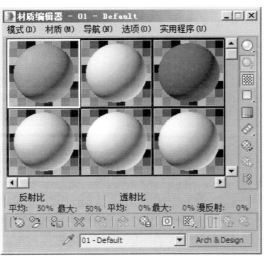

图 3-29

参数解析

- "获取材质"按钮：为选定的材质打开"材质/贴图浏览器"对话框。
- "将材质放入场景"按钮：在编辑好材质后，单击该按钮，可以更新已应用于对象的材质。
- "将材质指定给选定对象"按钮：将材质指定给选定的对象。
- "重置贴图/材质为默认设置"按钮：删除修改的所有属性，将材质属性恢复到默认值。
- "生成材质副本"按钮：在选定的示例图中创建当前材质的副本。
- "使唯一"按钮：将实例化的材质设置为独立的材质。
- "放入库"按钮：重新命名材质，并将其保存到当前打开的库中。
- "材质 ID 通道"按钮：为应用后期制作效果设置唯一的 ID 通道。
- "在视图中显示明暗处理材质"按钮：在视图对象上显示 2D 材质贴图。
- "显示最终结果"按钮：在实例图中显示材质以及应用的所有层次。
- "转到父对象"按钮：将当前材质上移动一级。
- "转到下一个同级项"按钮：选定同一层级的下一贴图或材质。
- "采样类型"按钮：控制示例窗显示的对象类型，默认为球型，还有圆柱体和立方体可选，如图 3-30 所示。

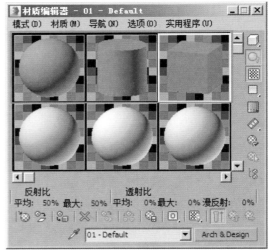

图 3-30

- "背光"按钮：打开或关闭选定示例窗中的背景灯光。
- "背景"按钮：在材质后面显示方格背景图像，在观察具有透明、反射及折射属性材质时非常有用。
- "采样 UV 平铺"按钮：为示例窗中的贴图设置 UV 平铺显示。
- "视频颜色检查"按钮：检查当前材质中 NTSC 制式和 PAL 制式的不支持颜色。
- "生成预览"按钮：用于生产、浏览和保存材质预览渲染。
- "选项"按钮：打开"材质编辑器选项"对话框，在该对话框中可以启用材质动画、加载自定义背景、定义灯光亮度及颜色等。
- "按材质选择"按钮：选定使用了当前材质的所有对象。
- "材质/贴图导航器"按钮：单击此按钮，可以打开"材质/贴图导航器"对话框，在该对话框中可以显示当前材质的所有层级，如图 3-31 所示。

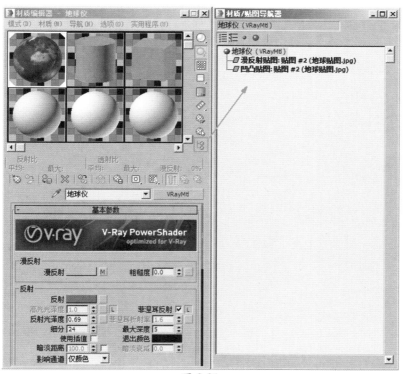

图 3-31

## 3.3　制作餐具材质

　　在本章节中，通过制作餐具的材质来为读者讲解 3ds Max 制作物体材质的过程及思路。本案例的材质表现最终效果如图 3-32 所示。

图 3-32

### 3.3.1　制作红色陶瓷材质

**01** 打开场景文件，本场景文件已经设置好摄影机、灯光及渲染参数，如图 3-33 所示。

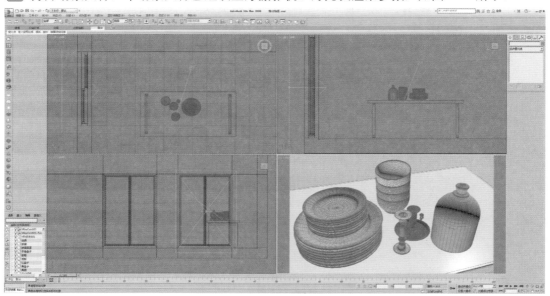

图 3-33

**02** 按下快捷键 M，打开"材质编辑器"面板，单击 Arch&Design 按钮 Arch & Design ，在弹出的"材质／贴图浏览器"面板中，将当前材质类型更改为 VRayMtl 材质，如图 3-34 所示。

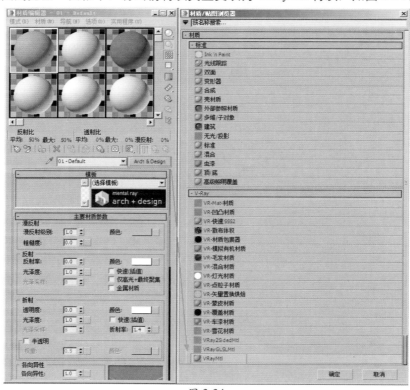

图 3-34

**03** 给当前的 VRayMtl 材质球重新命名为"红色陶瓷"，如图 3-35 所示。

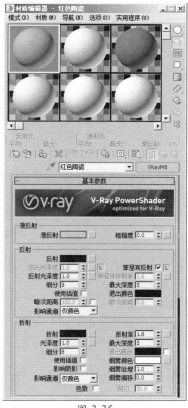

图 3-35

**04** 选择场景中的盘子模型，单击"材质编辑器"面板上的"将材质指定给选定对象"按钮，将当前材质指定给选定的对象，如图 3-36 所示。

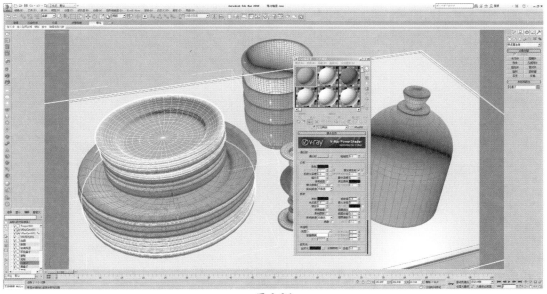

图 3-36

**05** 在"材质编辑器"面板中，设置"漫反射"的颜色为红色（红：99，绿：7，蓝：0），如图 3-37 所示。

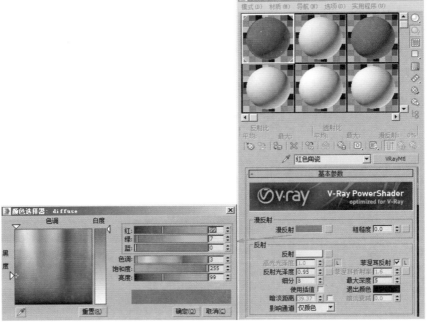

图 3-37

**06** 在"反射"组内，设置"反射"的颜色为灰色（红：200，绿：200，蓝：200），并设置"反射光泽度"的值为 0.95，制作出材质的反射及高光，如图 3-38 所示。

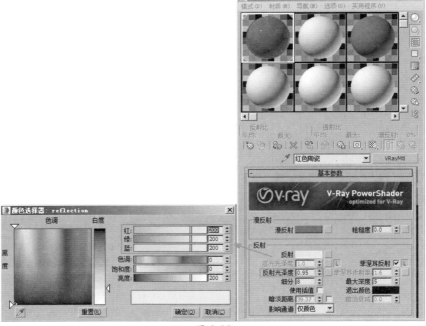

图 3-38

**07** 这样，我们所要制作的红色陶瓷材质就完成了，材质球的最终完成效果如图 3-39 所示。

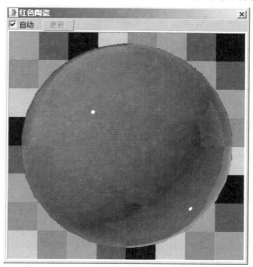

图 3-39

### 3.3.2 制作玻璃容器材质

这一节，我们开始制作玻璃容器的材质。

**01** 在"材质编辑器"面板中，选择一个空白材质球，将其使用上一节所讲的步骤设置为 VRayMtl 材质球，并重命名为"玻璃"材质，如图 3-40 所示。

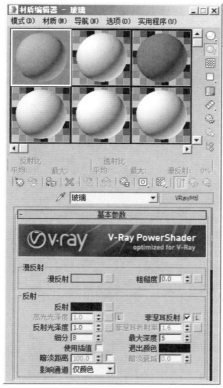

图 3-40

## 渲染王3ds Max/VRay项目案例表现技术精粹

**02** 在"漫反射"组中，设置"漫反射"的颜色为青色（红：180，绿：200，蓝：200），如图 3-41 所示。

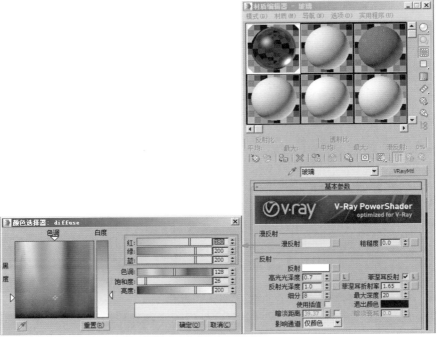

图 3-41

**03** 在"反射"组中，设置"反射"的颜色为白色（红：255，绿：255，蓝：255），并设置"高光光泽度"的值为 0.7，制作出玻璃材质的高光，如图 3-42 所示。

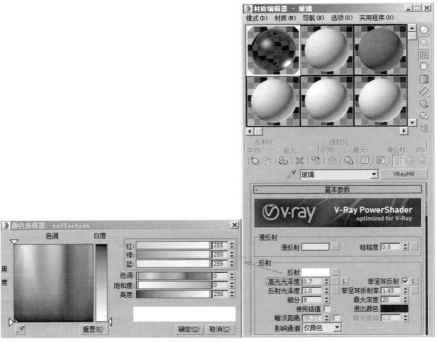

图 3-42

**04** 在"折射"组中，设置"折射"的颜色为白色（红：255，绿：255，蓝：255），设置"折射率"的值为1.55，如图3-43所示。

图 3-43

**05** 设置"烟雾颜色"的颜色为白色（红：200，绿：200，蓝：200），设置"烟雾倍增"的值为0.1，并勾选"影响阴影"复选项，如图3-44所示。

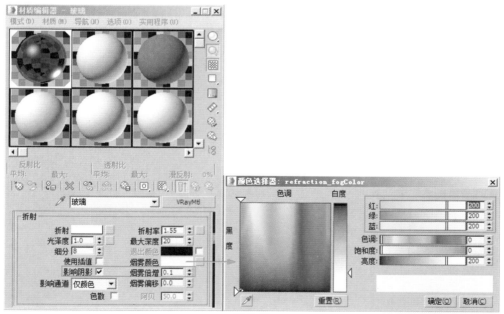

图 3-44

**06** 制作完成的玻璃材质球如图3-45所示。

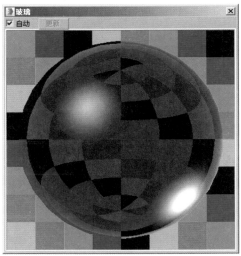

图 3-45

**07** 渲染场景，场景的最终渲染效果如图 3-46 所示。

图 3-46

# 第4章

VRay 渲染器

## 4.1　渲染概述

　　本章将为大家讲解在 3ds Max 中进行三维项目案例制作的最后一个流程——"渲染"。什么是"渲染"呢？简单说来就是计算机对当前的场景进行光照、材质、摄影机效果、置换等设置方面的计算。其中，光照计算包括全局照明及焦散等方面的计算；而材质计算则包括漫反射、反射、折射、半透明、凹凸等方面的计算。既然是计算，那么就涉及到计算方法的选择、计算精度的设置，以及计算顺序的调整，这些参数基本上我们都可以在 3ds Max 的"渲染设置"面板中找到。如何对这些参数进行合理的设定，我们即称之为"渲染"。

　　本章非常重要，在制作项目时，我们常常要在计算机的渲染耗时与生成作品的质量之间寻找一个平衡点，尽可能让计算机在一个我们可以接受的渲染时间内完成图像的计算，这些均离不开渲染技术。

## 4.2　VRay 渲染器

　　VRay 渲染器是保加利亚的 Chaos Group 公司开发的一款高质量的渲染引擎，以插件的安装方式应用于 3ds Max、Maya、SketchUp 等三维软件中，为不同领域的优秀三维软件提供了高质量的图片和动画渲染，方便使用者渲染各种产品。

　　无论是室内外空间表现、游戏场景表现、工业产品表现，还是角色造型表现，VRay 渲染器都有着不俗的表现，其易于掌握使用的渲染设置方式赢得了国内外广大设计师及艺术家的高度认可。图 4-1 所示为使用 VRay 渲染器渲染出的建筑外观表现图像。

图 4-1

按下快捷键F10，可以打开"渲染设置"面板。在"渲染器"下拉列表中选择"V-Ray Adv 3.00.08"，即可完成VRay渲染器的指定，如图 4-2 所示。

VRay 渲染器包含"公用"、V-Ray、GI、"设置"和 Render Elements 这 5 个选项卡，如图 4-3 所示。在接来下的章节中，我们来一起学习这些选项卡内的重要参数。

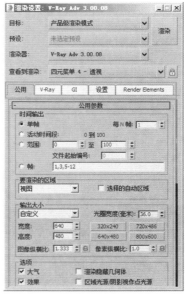

图 4-2                             图 4-3

## 4.3　VRay 选项卡

VRay 选项卡中，共包含"授权""关于 V-Ray""帧缓冲区""全局开关""图像采样器（抗锯齿）""自适应图像采样器""全局确定性蒙特卡洛""环境""颜色贴图"和"摄影机"这 10 个卷展栏，如图 4-4 所示。

### 4.3.1　"授权"卷展栏

在"授权"卷展栏里，显示了 VRay 的注册信息，如图 4-5 所示。

图 4-5

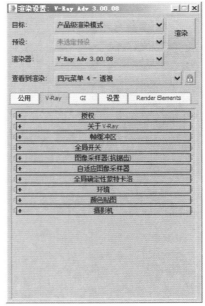

图 4-4

## 4.3.2 "关于V-Ray"卷展栏

"关于VRay"卷展栏内可以看到有关V-Ray渲染器的一些官方信息。比如出品软件的公司名称、当前渲染器的版本号等，如图4-6所示。

图 4-6

## 4.3.3 "帧缓冲区"卷展栏

在默认状态下，VRay启用自身的内置帧缓冲区，使用"帧缓冲区"卷展栏内的命令可以控制渲染图像的大小及保存图像等，如图4-7所示。

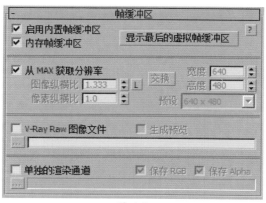

图 4-7

工具解析

- 启用内置帧缓冲区：勾选此复选框后，

3ds Max渲染图像是会弹出VRay自身的渲染窗口，默认为开启。

- 内存帧缓冲区：勾选此复选框后，可以将图像渲染到内存之中，然后再由帧缓冲窗口显示出来，这样可以方便用户观察场景渲染的过程。关闭该选项后，不会出现渲染框，直接保存到指定的文件夹中，默认为开启状态。

- "显示最后的虚拟帧缓冲区"按钮 显示最后的虚拟帧缓冲区 ：单击此按钮可以显示出上次渲染的图像结果。

- 从MAX获取分辨率：勾选此复选框后，VRay将从3ds Max的"公用"选项卡中获取将要渲染图像的尺寸，取消勾选此复选框后，可以激活"从MAX获取分辨率"之后的命令来设置渲染图像的大小，默认为开启状态。

- 图像纵横比：设置渲染图像的长宽比例。

- 像素纵横比：设置渲染图像像素的长宽比例。

- 宽度/高度：设置渲染图像的长与宽。

- 预设：VRay预先设置好的几种渲染图像的尺寸可供用户选择。

- V-Ray Raw图像文件：控制是否将渲染后的图像以raw格式保存到指定路径中。

- 单独的渲染通道：控制是否单独保存渲染通道。

- 保存RGB：控制是否保存RGB色彩。

- 保存Alpha：控制是否保存Alpha通道。

## 4.3.4 "全局开关"卷展栏

"全局开关"卷展栏内的参数主要用来对场景中的置换、灯光、材质等进行全局设置。展开"全局开关"卷展栏，发现此卷展栏有"基本模式""高级模式"和"专家模式"3种模式可选。其中，"专家模式"中显示了该卷展栏内的所有命令，如图4-8所示。

图 4-8

工具解析

- 置换：控制是否开启场景中的置换
  效果。
- 强制背面消隐：针对渲染而言，勾选
  该复选项后反法线物体将不可见。
- 灯光：控制是否开启场景中的光照
  效果。
- 隐藏灯光：控制场景是否让隐藏的灯
  光产生光照。
- 阴影：控制场景中的灯光是否对物体
  产生投影。
- 仅显示全局照明：勾选该选项后，场景
  渲染结果只显示全局照明的光照效果。
- 概率灯光：该选项优化场景中的灯光
  采样，默认值为 8，较高的值会提高
  图像单位内的光照信息，但是会增加
  渲染的时间。
- 不渲染最终的图像：控制 VRay 是否渲
  染最终图像，通常在计算光子图时，勾
  选此复选项，节省不必要的渲染时间。
- 反射 / 折射：控制是否开启场景中材
  质的反射和折射效果。
- 贴图：控制是否让场景中物体的程序
  贴图和纹理渲染出来。关闭该选项，
  则不会渲染贴图。
- 覆盖深度：控制整个场景中的反射 /
  折射的最大深度。

- 光泽效果：是否开启反射或折射的模
  糊效果。关闭该选项后，不会渲染反
  射或折射的模糊效果。
- 覆盖材质：当勾选该复选框后，将激
  活"覆盖材质"下面的按钮，通过将
  材质编辑器中的任意材质球拖曳至此
  按钮上，来达到使用一个材质球来作
  为场景中所有物体的材质。

### 4.3.5 "图像采样器（抗锯齿）"卷展栏

"抗锯齿"在渲染设置中是一个必须调
整的参数。展开"图像采样器（抗锯齿）"
卷展栏，如图 4-9 所示。

图 4-9

工具解析

- 类型：用来设置"图像采样器"的类型，
  有"固定""自适应""自适应细分"
  和"渐进"4 种类型可选，如图 4-10
  所示。

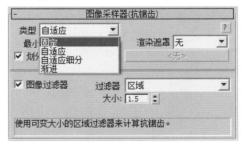

图 4-10

➤ 固定：对每个像素使用一个固定的
  细分值，该采样方式适合拥有大量
  的模糊效果，或者具有高细节纹理
  贴图的场景。
➤ 自适应：默认的设置类型，是最
  常用的一种采样器，采样方式可
  以根据每个像素及与之相邻像素

的明暗差异来使像素使用不同的样本数量。

➤ 自适应细分：这个采样器具有负值采样的高级抗锯齿功能，适用于在没有或者有少量模糊效果的场景中。

➤ 渐进：此采样器逐渐采样至整个图像。

● 图像过滤器：勾选此复选框，可以开启使用过滤器来对场景进行抗锯齿处理，VRay 提供了多种过滤器可供用户选择，过滤器的下拉列表如图 4-11 所示。

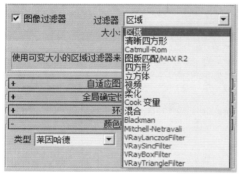

图 4-11

➤ 区域：用区域大小来计算抗锯齿，"大小"的参数值越小，图像越清晰，反之越模糊，默认值为 1.5。图 4-12 所示为"大小"参数值是 10 的模糊渲染结果。

图 4-12

➤ 清晰四方形：来自 Neslon Max 算法的清晰 9 像素重组过滤器，如图 4-13 所示。

图 4-13

➤ Catmull-Rom：一种具有边缘增强的过滤器，可以产生较清晰的图像效果，如图 4-14 所示。

图 4-14

➤ 图版匹配 /MAX R2：使用 3ds Max R2 的方法将摄影机和场景或"天光 / 投影"元素与未过滤的背景图像相匹配。

➤ 四方形：基于四方形样条线的 9 像素模糊过滤器，可以产生一定的模糊效果，如图 4-15 所示。

图 4-15

➤ 立方体：基于立方体的像素过滤器，具有一定的模糊效果，如图4-16所示。

图 4-16

➤ 视频：针对 NTSC 和 PAL 视频应用程序进行了优化的 25 像素模糊过滤器，适合于制作视频动画的一种抗锯齿过滤器，渲染结果如图 4-17 所示。

图 4-17

➤ 柔化：可以调整高斯模糊效果的一种抗锯齿过滤器，"大小"的参数值越大，模糊程度越高，图 4-18 所示为"大小"值是 20 的渲染结果。

图 4-18

➤ Cook 变量：一种通用过滤器，1 到 2.5 之间的"大小"的参数值可以得到清晰的图像效果，更高的值将使图像变得模糊，图 4-19 所示为"大小"值是 1 的渲染结果，图像的最终效果看起来非常清晰。

图 4-19

➤ 混合：一种用混合值来确定图像清晰或模糊的抗锯齿过滤器，如图4-20所示。

图 4-20

➤ Blackman：一种没有边缘增强效果的抗锯齿过滤器，如图4-21所示。

图 4-21

➤ Mitchell-Netravali：常用过滤器，可以产生微弱的模糊效果，如图 4-22 所示。

图 4-22

➤ VRayLanczosFilter：可以很好地平衡渲染速度和渲染质量的过滤器，"大小"的参数值越大，渲染结果越模糊，图 4-23 所示为"大小"值是 20 的渲染结果。

图 4-23

➤ VRaySincFilter：可以很好地平衡渲染速度和渲染质量的过滤器，"大小"的参数值越大，渲染结果的锐化现象越明显，图 4-24 所示为"大小"的参数值为最大 20 的渲染结果，可以看出近景的植物叶片边缘存在着明显的多重影像锐化效果。

➤ VRayBoxFilter：执行 VRay 的长方体过滤器，"大小"的参数值越大，渲染结果越模糊，图 4-25 所示为"大小"的参数值是 20 的渲染结果。

图 4-24

图 4-25

➤ VRayTriangleFilter：执行 VRay 的三角形过滤器来计算抗锯齿效果的过滤器。"大小"的参数值越大，渲染结果越模糊，图 4-26 所示为"大小"的参数值是 5 的渲染结果。与"VRayBoxFilter"过滤器相比，相同数值下的模糊结果由于计算的方式不同而产生的模糊效果也不同。

图 4-26

### 4.3.6 "自适应图像采样器"卷展栏

"自适应图像采样器"是一种高级抗锯齿采样器,展开"自适应图像采样器"卷展栏,如图 4-27 所示。

图 4-27

> **小技巧:**
>
> 只有当"图像采样器(抗锯齿)"卷展栏内的类型选择"自适应"选项后,才会出现"自适应图像采样器"卷展栏。

工具解析

- 最小细分:定义每个像素使用样本的最小数量。
- 最大细分:定义每个像素使用样本的最大数量。
- 使用确定性蒙特卡洛采样器阈值:勾选该复选框,则"颜色阈值"不可用,使用的是确定性蒙特卡洛采样器的阈值。
- 颜色阈值:取消勾选"使用确定性蒙特卡洛采样器阈值"复选框后,可以激活该参数。

### 4.3.7 "全局确定性蒙特卡洛"卷展栏

"全局确定性蒙特卡洛"卷展栏展开后,如图 4-28 所示。

图 4-28

工具解析

- 自适应数量:控制采样数量的程度。值为 1 时,代表完全适应;值为 0 时,代表没有适应。
- 噪波阈值:较小的噪波阈值意味着较少的噪波,即有更多的采样和更高的质量,当值为 0 时,表示自适应计算将不被执行。
- 时间独立:勾选此复选框后,采样模式将是相同的帧动画中的帧。
- 全局细分倍增:可以使用此值来快速控制采样的质量高低。"全局细分倍增"影响的范围非常广,包括发光图、区域灯光、区域阴影及反射和折射等属性。
- 最小采样:确定采样在使用前提前终止算法的最小值。

### 4.3.8 "环境"卷展栏

"环境"卷展栏控制整个场景的环境,包括"全局照明环境""反射/折射环境"和"折射环境"3 个组,展开如图 4-29 所示。

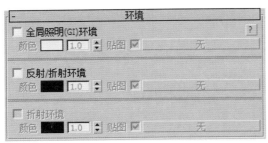

图 4-29

工具解析

- 全局照明环境：勾选后开启 VRay 的天光，天光的颜色在默认状态下为天蓝色，亮度值为 1。
- 反射 / 折射环境：勾选后场景中的反射和折射属性环境可以由此来设置。
- 折射环境：勾选后当前场景中的折射环境由此来控制。

### 4.3.9 "颜色贴图"卷展栏

"颜色贴图"卷展栏可以控制整个场景的明暗程度，使用颜色变换来应用到最终渲染的图像上，面板分为"基本模式""高级模式"和"专家模式"3 种。其中，"专家模式"中显示了该卷展栏内的所有命令，展开如图 4-30 所示。

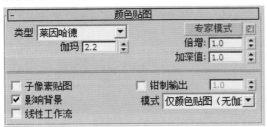

图 4-30

工具解析

- 类型：提供不同的色彩变换类型可供用户选择，有"线性倍增""指数""HSV指数""强度指数""伽马校正""强度伽马"和"莱因哈德"7 种类型，如图 4-31 所示。

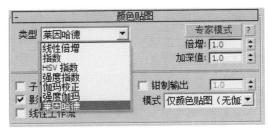

图 4-31

➤ 线性倍增：这种模式基于最终色彩亮度来进行线性的倍增，可能会导致靠近光源的点过分曝光，如图 4-32 所示。

图 4-32

➤ 指数：使用此模式可以有效地控制渲染最终画面的曝光部分，但是图像可能会显得整体偏灰，如图 4-33 所示。

图 4-33

➤ HSV 指数：与"指数"接近，不同点在于使用"HSV 指数"可以使得渲染出画面的色彩饱和度比"指数"有所提高，如图 4-34 所示。

图 4-34

➤ 强度指数：此种方式是对上述两种
方式的融合，既抑制了光源附近
的曝光效果，又保持了场景中物
体的色彩饱和度，如图 4-35 所示。

图 4-35

➤ 伽马校正：采用伽马值来修正场
景中的灯光衰减和贴图色彩，如
图 4-36 所示。

图 4-36

➤ 强度伽马：此种类型在"伽马校

正"的基础上修正了场景中灯光
的亮度，如图 4-37 所示。

图 4-37

➤ 莱因哈德：这种类型可以将"线
性倍增"和"指数"混合起来，
是"颜色贴图"卷展栏的默认类型，
渲染结果如图 4-38 所示。

图 4-38

● 子像素贴图：在实际渲染时，物体的
高光区与非高光区的界限处会有明显
的黑边，开启此选项可以缓解该状况。
● 影响背景：控制是否让颜色贴图影响
背景。

### 4.3.10 "摄影机"卷展栏

"摄影机"卷展栏是 VRay 用来控制摄
影机特效的参数区，主要包括摄影机的多种
镜头的"类型""运动模糊"和"景深"特
效的控制，需要注意的是，此卷展栏内的参
数只针对于 3ds Max 的摄影机起作用，展开
如图 4-39 所示。

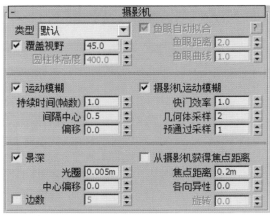

图 4-39

**1. 类型**

工具解析

● 类型：选择摄影机的不同镜头类型，有"默认""球形""圆柱（点）""圆柱（正交）""长方体""鱼眼""变形球（旧式）""正交""透视"和"球形全景"10种类型可选，如图 4-40 所示。

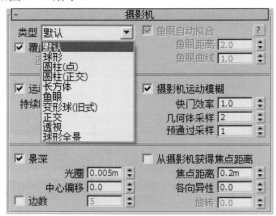

图 4-40

➤ 默认：摄影机的标准镜头类型，将三维空间投射到一个平面之上。

➤ 球形：将三维空间投射到一个球面上。

➤ 圆柱（点）：由默认摄影机和球形摄影机叠加而成的渲染效果，在水平方向上采用球形摄影机的计算方式，在垂直方向上采用默认摄影机的计算方式。

➤ 圆柱（正交）：同样也是混合模式计算，在水平方向上采用球形摄影机的计算方式，在垂直方向上采用视线平行排列。

➤ 长方体：将三维场景空间以长方体的方式展开。

➤ 鱼眼：也就是我们通常说的环境球拍摄。

➤ 变形球（旧式）：非完全球面的摄像机类型。

➤ 正交：以正交的方式渲染场景。

➤ 透视：以透视的方式渲染场景。

➤　球形全景：以球形全景的方式渲染场景。

2. 运动模糊

工具解析

- 运动模糊：勾选即开启运动模糊渲染计算，图 4-41 所示分别为"运动模糊"效果启
用前后的渲染图像对比。

图 4-41

- 持续时间（帧数）：控制运动模糊每一帧的持续时间，值越大，模糊程度越强。
- 快门效率：用来模拟现实中摄影机的快门打开和关闭的瞬间。
- 间隔中心：用来控制运动模糊的时间间隔中心。
- 几何体采样：此值常用于控制运动物体的模糊边缘细分段数。
- 偏移：用来控制运动模糊的偏移。

3. 景深

工具解析

- 景深：勾选即开启景深渲染计算，图 4-42 所示分别为"景深"效果启用前后的渲染
图像对比。

图 4-42

- 从摄影机获取焦点距离：勾选此复选框，可以从场景中的摄影机获取焦点的距离。
- 光圈：光圈值越小，景深越大，反之亦然。
- 焦点距离：设置摄影机焦点的位置。

- 中心偏移：控制模糊效果的中心位置偏移距离。
- 各向异性：控制多边形形状的各向异性，值越大，形状越扁。
- 边：用来模拟摄影机光圈的多边形形状，默认值为5，即摄影机光圈的多边形形状为五边形。
- 旋转：控制光圈多边形形状的旋转。

## 4.4  GI 选项卡

GI 选项卡在默认状态下包括"全局照明""发光图""BF 算法计算全局照明（GI）"和"焦散"4 个卷展栏，如图 4-43 所示。

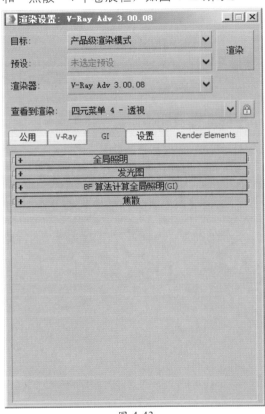

图 4-43

### 4.4.1  "全局照明"卷展栏

"全局照明"卷展栏用来控制 VRay 采用何种计算引擎来渲染场景，此卷展栏有"基本模式""高级模式"和"专家模式"3 种模式可选。其中，"专家模式"中显示了该卷展栏内的所有命令，如图 4-44 所示。

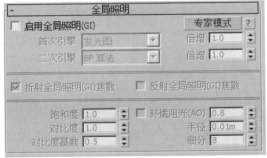

图 4-44

工具解析

- 启用全局照明（GI）：勾选此复选框后，开启 VRay 的全局照明计算。
- 首次引擎：设置 VRay 进行全局照明计算的首次使用引擎，有"发光图""光子图""BF 算法"和"灯光缓存"4 种方式可选，如图 4-45 所示。

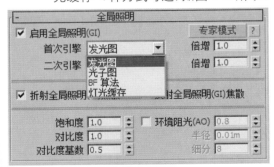

图 4-45

- 倍增：设置"首次引擎"计算的光线倍增，值越高，场景越亮。
- 二次引擎：设置 VRay 进行全局照明计算的二次使用引擎，有"无""光子图""BF 算法"和"灯光缓存"4 种方式可选，如图 4-46 所示。

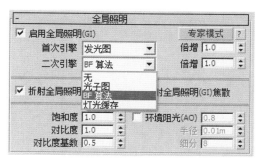

图 4-46

- 倍增：设置"二次引擎"计算的光线倍增。
- 折射全局照明（GI）焦散：控制是否开启折射焦散计算。
- 反射全局照明（GI）焦散：控制是否开启反射焦散计算。
- 饱和度：用来控制色彩溢出，适当降低"饱和度"，可以控制场景中相邻物体之间的色彩影响。
- 对比度：控制色彩的对比度。
- 对比度基数：控制"饱和度"和"对比度"的基数，数值越高，"饱和度"和"对比度"的效果越明显。
- 环境阻光（AO）：是否开启环境阻光的计算。
- 半径：设置环境阻光的半径。
- 细分：设置环境阻光的细分值。

### 4.4.2　"发光图"卷展栏

　　"发光图"中的"发光"指三维空间中的任意一点及全部可能照射到这一点上的光线，是"首次引擎"默认状态下的全局光引擎，只存在于"首次引擎"中，有"基本模式""高级模式"和"专家模式"3种模式可选。其中，"专家模式"中显示了该卷展栏内的所有命令，如图 4-47 所示。

　　工具解析

- 当前预设：设置"发光图"的预设类型，共有"自定义""非常低""低""中""中-动画""高""高-动画"和"非常高"8种类型可以选择，如图 4-48 所示。

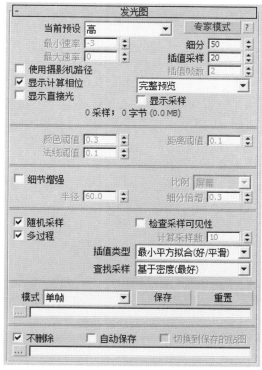

图 4-47

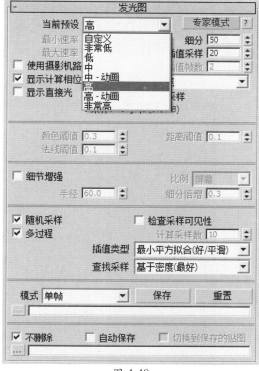

图 4-48

103

- ➤ 自定义：选择该模式后，可以手动修改调节参数。
- ➤ 非常低：此模式计算光照的精度非常低，一般用来测试场景。
- ➤ 低：一种比较低的精度模式。
- ➤ 中：中级品质的预设模式。
- ➤ 中 - 动画：用于渲染动画的中级品质预设模式。
- ➤ 高：一种高精度模式。
- ➤ 高 - 动画：用于渲染动画的高精度预设模式。
- ➤ 非常高：预设模式中的最高设置，一般用来渲染高品质的空间表现效果图。
- ● 最小速率：控制场景中平坦区域的采样数量。
- ● 最大速率：控制场景中物体边线、角落、阴影等细节的采样数量。

**小技巧：**

"最小速率"和"最大速率"还决定了当前场景在计算"发光图"时的计算次数。当"最小速率"和"最大速率"值为一致时，则计算一次；当"最小速率"和"最大速率"不一致时，则计算多次。比如在"自定义"预设时，"最小速率"和"最大速率"的值分别为-3 和 0，那么"发光图"作为首次引擎的计算则分别以 -3、-2、-1和 0 为标准产生 4 次计算。

- ● 细分：因为 VRay 采用的是几何光学，所以此值用来模拟光线的数量。"细分"值越大，样本精度越高，渲染的品质就越好。
- ● 插值采样：此参数用来对样本进行模糊处理，较大的值可以得到比较模糊的效果。
- ● 显示计算相位：在进行"发光图"渲染计算时，可以观察渲染图像的预览过程。
- ● 显示直接光：在预计算的时候显示直接照明，方便用户观察直接光照的位置。
- ● 显示采样：显示采样的分布及分布的密度，帮助用户分析 GI 的光照精度，如图 4-49所示。渲染完成后，在"显示采样"复选框下方还会出现采样的数量及大小，如图 4-50所示。

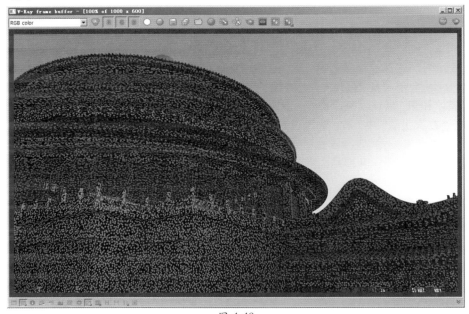

图 4-49

图 4-50

- 颜色阈值：此值主要是让 VRay 渲染器分辨哪些是平坦区域，哪些不是平坦区域，主要根据颜色的灰度来区分。值越小，对灰度的敏感度就越高，区分能力就越强。
- 法线阈值：此值主要是让 VRay 渲染器分辨哪些是交叉区域，哪些不是交叉区域，主要根据法线的方向来区分。值越小，对法线方向的敏感度就越高，区分能力就越强。
- 距离阈值：此值主要是让 VRay 渲染器分辨哪些是弯曲表面区域，哪些不是弯曲表面区域，主要根据表面距离和表面弧度的比较来区分。值越大，表示弯曲表面的样本越多，区分能力就越强。
- 细节增强：勾选此复选框，可以开启"细节增强"功能。
- 比例：控制"细节增强"的比例，有"屏幕"和"世界"两个选项可选。
- 半径：表示细节部分有多大区域使用"细节增强"功能，"半径"值越大，效果越好，渲染时间越长。
- 细分倍增：控制细部的细分。此值与"发光图"中的"细分"有关，默认值为 0.3，代表"细分"的 30%，值越高，细部就可以避免产生杂点，同时增加渲染时间。
- 随机采样：控制"发光图"的样本是否随机分配，勾选此复选框，则样本随机分配。
- 多过程：勾选该复选框后，VRay 会根据"最小速率"和"最大速率"进行多次计算，默认为开启状态。
- 插值类型：VRay 提供了"权重平均值（好/强）""最小平方拟合（好/平滑）""Delone 三角剖分（好/精确）"和"最小平方权重/泰森多边形权重"这 4 种方式可选，如图 4-51 所示。

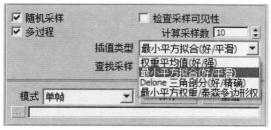

图 4-51

- 查找采样：主要控制哪些位置的采样点是适合用来作为基础插补的采样点，VRay 提供了"平衡嵌块（好）""最近（草稿）""重叠（很好/快速）"和"基于密度（最好）"4 种方式可选，如图 4-52 所示。

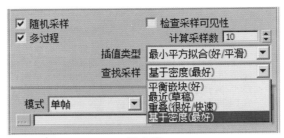

图 4-52

● 模式：VRay 提供了"发光图"的 8 种模式进行计算，有"单帧""多帧增量""从文件""添加到当前贴图""增量添加到当前贴图""块模式""动画（预通过）"和"动画（渲染）"可供选择，如图 4-53 所示。

图 4-53

➤ 单帧：用来渲染静帧图像。

➤ 多帧增量：这个模式用于渲染仅有摄影机移动的动画。当 VRay 计算完第 1 帧的光子后，在后面的帧里根据第 1 帧里没有的光子信息进行全新计算，从而节省了渲染时间。

➤ 从文件：当渲染完光子后，是可以将其单独保存起来的，再次渲染，即可从保存的文件中读取，因而节省渲染的时间。

➤ 添加到当前贴图：当渲染完一个角度的时候，可以把摄影机转一个角度再全新计算新角度的光子，最后把这两次的光子叠加起来，这样的光子信息更丰富、更准确，并且可以进行多次叠加。

➤ 增量添加到当前贴图：此模式与"添加到当前贴图"类似，只不过它不是全新计算新角度的光子，而是只对没有计算过的区域进行新的计算。

➤ 块模式：把整个图分成块来计算，渲染完一个块，再进行下一个块的计算。主要用于网络渲染，速度比其他方式快。

➤ 动画（预通过）：适合动画预览，使用这种模式要预先保存好光子贴图。

➤ 动画（渲染）：适合最终动画渲染，这种模式要预先保存好光子贴图。

● "保存"按钮 保存 ：将光子图保存至文件。

● "重置"按钮 重置 ：将光子图从内存中清除。

● 不删除：当光子渲染完成后，不将其从内存中删除掉。

● 自动保存：当光子渲染完成后，自动保存在预先设置好的路径里。

● 切换到保存的贴图：当勾选了"自动保存"复选框后，在渲染结束时会自动进入"从文件"模式并调用光子图。

### 4.4.3 "BF 算法计算全局照明（GI）"卷展栏

单击展开"BF 算法计算全局照明（GI）"卷展栏，如图 4-54 所示。

图 4-54

工具解析

- 细分：控制 BF 算法的样本数量，值越大，效果越好，渲染时间越长。
- 反弹：当"二次引擎"选择"BF 算法"时，该参数参与计算。值的大小控制渲染场景的明暗，值越大，光线反弹越充分，场景越亮。

### 4.4.4 "灯光缓存"卷展栏

"灯光缓存"是一种近似模拟全局照明技术，"灯光缓存"根据场景中的摄影机来建立光线追踪路径，与"光子图"非常相似，只是"灯光缓存"与"光子图"计算光线的跟踪路径是正好相反的。与"光子图"相比，"灯光缓存"对于场景中的角落及小物体附近的计算要更为准确，渲染时可以以直接可视化的预览来显示出未来的计算结果。

在"全局照明"卷展栏内，将"二次引擎"设置为"灯光缓存"，即可出现"灯光缓存"卷展栏。

单击展开"灯光缓存"卷展栏后，该卷展栏也同样有"基本模式""高级模式"和"专家模式"3 种模式可选。其中，"专家模式"中显示了该卷展栏内的所有命令，如图 4-55 所示。

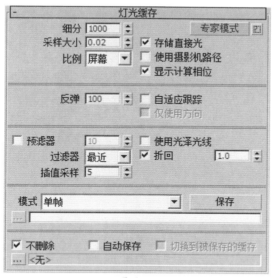

图 4-55

工具解析

- 细分：用来决定"灯光缓存"的样本数量。值越高，样本总量越多，渲染时间越长，渲染效果越好，图 4-56 和图 4-57 所示为"细分"值分别是 600 和 1500 的计算效果。

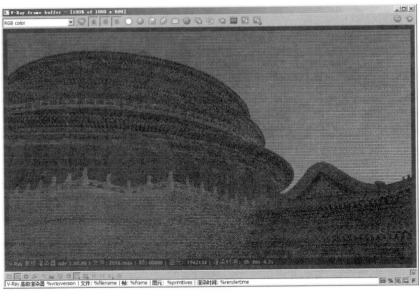

图 4-56

图 4-57

- 采样大小：用来控制"灯光缓存"的样本大小，比较小的样本可以得到更多的细节。
- 存储直接光：勾选该复选框后，"灯光缓存"将保存直接光照信息。当场景中有很多灯光时，使用这个选项会提高渲染速度，因为它已经把直接光照信息保存到"灯光缓存"里，在渲染出图时，则不需要对直接光照再进行采样计算。
- 显示计算相位：勾选该复选框后，可以显示"灯光缓存"的计算过程以方便观察。
- 自适应跟踪：这个选项的作用在于记录场景中灯光的位置，并在光的位置上采用等多的样本，同时模糊特效也会处理得更快，但是会占用更多的内存资源。
- 仅使用方向：当勾选"自适应跟踪"复选框后，可以激活该选项。它的作用在于只记录直接光照信息，而不考虑间接照明，可以加快渲染速度。

● 预滤器：勾选该复选框后，可以对"灯光缓存"样本进行提前过滤，它主要是查找样本边界，然后对其进行模糊处理，后面的值越高，对样本进行模糊处理的程度越深。

● 过滤器：该选项是在渲染最后成图时，对样本进行过滤，其下拉列表共有"无""最近"和"固定"3项可选，如图4-58所示。

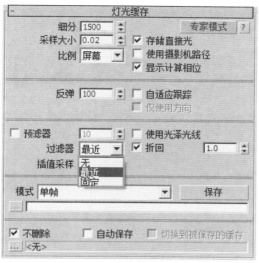

图 4-58

● 使用光泽光线：开启此效果后，会使得渲染结果更加平滑。

● 模式：设置光子图的使用模式，共有"单帧""穿行""从文件"和"渐进路径跟踪"4项可选，如图4-59所示。

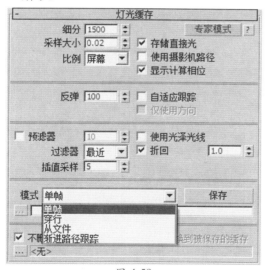

图 4-59

➤ 单帧：一般用来渲染静帧图像。

➤ 穿行：这个模式一般用来渲染动画时使用，将第1帧至最后1帧的所有样本融合在一起。

➤ 从文件：使用此模式，可以从事先保存好的文件中读取数据以节省渲染时间。

➤ 渐进路径跟踪：对计算样本不停地计算，直至样本计算完毕为止。

- "保存"按钮 ████ 保存 ██：将保存在内存中的光子贴图再次进行保存。
- 不删除：当光子渲染计算完成后，不在内存中将其删除。
- 自动保存：当光子渲染完成后，自动保存在预设的路径内。
- 切换到被保存的缓存：当勾选"自动保存"复选框后，才可激活该选项。勾选此复选框后，系统会自动使用最新渲染的光子图来渲染当前图像。

### 4.4.5 "焦散"卷展栏

"焦散"效果常见于光线穿透透明的物体后，由于物体自身的不规则导致光线折射后汇聚所产生的光纹。单击展开"焦散"卷展栏，该卷展栏有"基本模式"和"高级模式"两种模式可选。其中，"高级模式"中显示了该卷展栏内的所有命令，如图4-60所示。

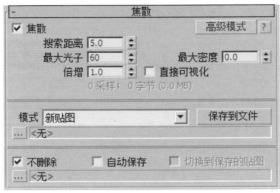

图 4-60

工具解析

- 焦散：勾选此复选框，开启焦散计算。
- 搜索距离：当光子追踪撞击在物体表面的时候，会自动搜寻位于周围区域同一平面的其他光子，实际上这个搜寻区域是一个以撞击光子为中心的圆形区域，其半径就是由这个搜寻距离确定的。较小的值容易产生斑点，而较大的值会产生模糊焦散的效果。
- 最大光子：定义单位区域内的最大光子数量，然后根据单位区域内的光子数量来均匀照明。
- 倍增：控制焦散亮度的倍增，值越高，焦散的效果越亮，图4-61和图4-62所示分别为"倍增"值是1000和100的渲染结果测试。

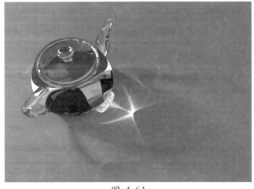

图 4-61                         图 4-62

- 最大密度：控制光子的最大密度。

## 4.5　设置选项卡

"设置"选项卡分为"默认置换"和"系统"两个卷展栏，如图4-63所示。

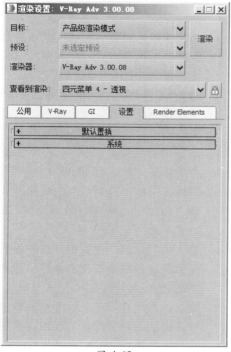

图 4-63

### 4.5.1　"默认置换"卷展栏

"默认置换"卷展栏内的参数主要用来控制物体由置换所产生的凹凸效果，单击展开"默认置换"卷展栏，如图4-64所示。

图 4-64

工具解析

● 覆盖 MAX 设置：控制是否用"默认置换"内的参数来代替 3ds Max 中的相应置换命令。

● 边长：设置置换中产生的最小三角面长度，数值越小，精度越高，计算越慢。

● 最大细分：设置物体表面置换后可产生的最大细分值。

● 依赖于视图：控制是否将渲染图像中的像素长度设置为"边长"的单位，若不开启该选项，系统将以 3ds Max 中的单位为准。

● 数量：设置置换强度的总量，数值越大，置换效果越明显。

● 相对于边界框：控制是否在置换时关联边界，若不开启此选项，在物体的转角处可能导致面产生裂开的现象。

● 紧密边界：控制是否对置换进行预先计算。

### 4.5.2　"系统"卷展栏

"系统"卷展栏内的参数不仅对渲染速度有影响，还可以控制渲染的显示和提示功能。"系统"卷展栏也分为"基本模式""高级模式"和"专家模式"3 种可选。其中，"专家模式"中显示了该卷展栏内的所有命令，如图4-65所示。

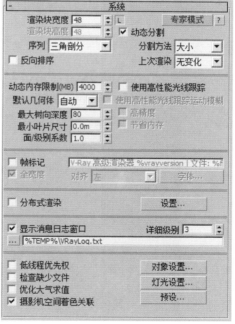

图 4-65

工具解析

● 渲染块宽度：设置渲染块的像素宽度。

- 渲染块高度：设置渲染块的像素高度。
- "L"按钮 L：锁定渲染块的高度关联至宽度。
- 序列：设置渲染块的渲染顺序，有"上 -> 下""左 -> 右""棋格""螺旋""三角剖分"和"希尔伯特"6种方式可选，如图4-66所示。

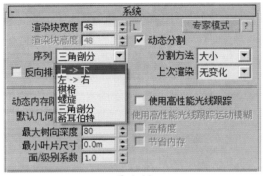

图 4-66

- ➤ 上 -> 下：渲染块按照从上至下的顺序来渲染图像。
- ➤ 左 -> 右：渲染块按照从左至右的顺序来渲染图像
- ➤ 棋格：渲染块将按照棋格的方式来渲染图像。
- ➤ 螺旋：渲染块按照螺旋的顺序来渲染图像。
- ➤ 三角剖分：VRay默认的渲染方式，

将图形分为两个三角形依次进行渲染。
- ➤ 希尔伯特：渲染块按照希尔伯特曲线的顺序来渲染图像。
- 分割方法：分为"大小"和"计数"两种方式。
- 上次渲染：设置3ds Max默认的帧缓存框中以何种方式处理先前的渲染图像，有"无变化""交叉""场""变暗""蓝色"和"清除"6种方式可选。
- 反向排序：勾选该复选框后，渲染顺序将和设定的"序列"类型相反。
- 动态内存限制（MB）：控制动态内存的总量，默认为4000。
- 默认几何体：控制内存的使用方式，有"自动""静态"和"动态"3种方式可选。
- 最大树向深度：控制根节点的最大分支数量，较高的值会加快渲染速度，同时会占用较多内存。
- 最小叶片尺寸：控制叶节点的最小尺寸，当达到叶节点尺寸以后，系统停止计算场景。
- 帧标记：勾选此复选框后，渲染出的图像下方显示有VRay的信息，如图4-67所示。

图 4-67

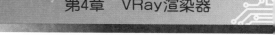
- 全宽度：设置水印的最大宽度，勾选该复选框后，信息宽度与渲染图像的宽度相当。
- 对齐："帧标记"的对齐方式，有"左""中"和"右"3种方式可选。
- "字体"按钮 字体... ：单击此按钮可以弹出"字体"对话框来选择"帧标记"的字体。
- 分布式渲染：勾选该选项后，可以开启"分布式渲染"功能。
- "设置"按钮 设置... ：单击此按钮，可以弹出"VRay分布式渲染设置"对话框，控制网络中的计算机添加和删除等操作，如图4-68所示。

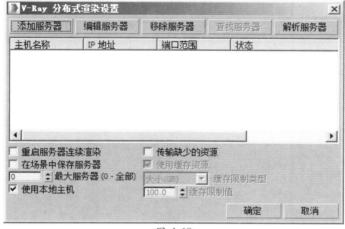

图 4-68

- 显示消息日志窗口：用来控制是否显示VRay的消息日志窗口，默认为开启。

## 4.6　渲染景深效果

在这一节中，我们通过一个简单场景来讲解一下使用VRay渲染器来渲染景深这一特殊效果。本案例添加景深特效的前后图像对比，如图4-69、图4-70所示。

图 4-69

图 4-70

**01** 打开场景文件，本场景文件为一组静物特写，背景为日式风格的庭院景观。场景中已经设置好模型、材质、灯光等参数，如图 4-71 所示。

图 4-71

**02** 单击 "VR- 物理摄影机" 按钮 VR-物理摄影机 ，在 "顶" 视图中，创建一个 "VR- 物理摄影机"，摄影机位置如图 4-72 所示。

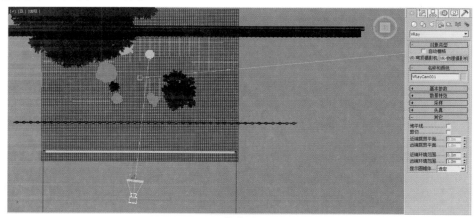

图 4-72

**03** 在"左"视图中，调整摄影机的位置，如图4-73所示。

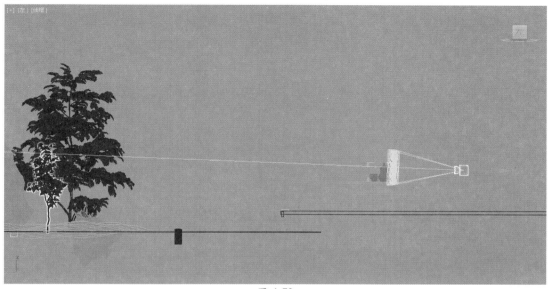

图 4-73

**04** 按下快捷键C，进入到"摄影机"视图。在"修改"面板中，设置摄影机的"胶片规格（mm）"
值为35，如图4-74所示。

图 4-74

**05** 在"修改"面板中，设置"光圈数"的值为3.0，并勾选"指定焦点"复选项，设置"焦
点距离"的值为0.836m。同时，在"顶"视图中，观察摄影机的焦点栅格位置调整至场
景中的桌子模型处，如图4-75所示。

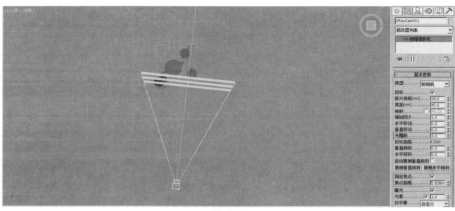

图 4-75

06 调整"自定义平衡"的颜色为浅黄色（红：254，绿：249，蓝：228），设置"快门速度（S ^ -1）"的值为 400，如图 4-76 所示。

图 4-76

07 单击展开"散景特效"卷展栏，设置"叶片数"的值为 18。单击展开"采样"卷展栏，勾选"景深"复选项，完成摄影机的参数设置，如图 4-77 所示。

图 4-77

08 按下快捷键 F10，打开"渲染设置"面板，在"渲染器"下拉列表中设置当前渲染器为 VRay 渲染器，如图 4-78 所示。

图 4-78

09 在 GI 选项卡内，单击展开"全局照明"卷展栏，在"基本模式"中，勾选"启用全局照明（GI）"选项，并设置"首次引擎"为"发光图"，"二次引擎"为"灯光缓存"，如图 4-79 所示。

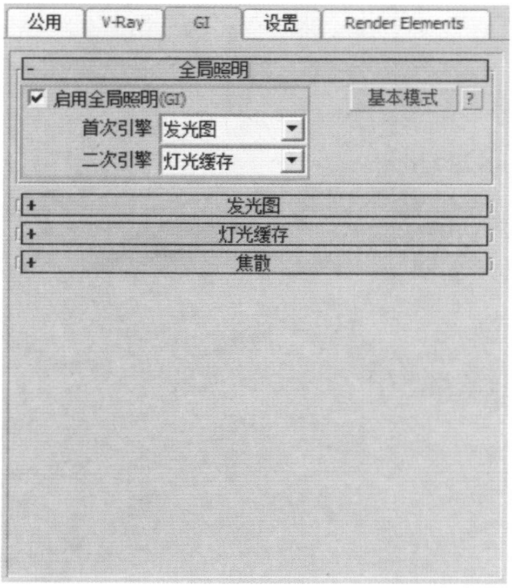

图 4-79

10 单击展开"发光图"卷展栏，在"基本模式"中，设置"当前预设"为"自定义"选项，设置"最小速率"的值为 -2，设置"最大速率"的值为 -2，如图 4-80 所示。

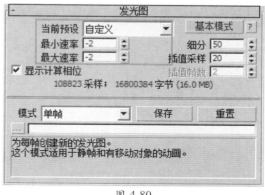

图 4-80

11 在 V-Ray 选项卡内，单击展开"图像采样器（抗锯齿）"卷展栏，将"类型"设置为"自适应"，如图 4-81 所示。

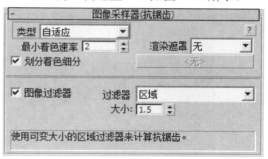

图 4-81

12 单击展开"自适应图像采样器"卷展栏，设置"最小细分"的值为 1，设置"最大细分"的值为 64，如图 4-82 所示。

图 4-82

13 单击展开"帧缓冲区"卷展栏，勾选"启用内置帧缓冲区"复选项，如图 4-83 所示。

**14** 在"公用"选项卡中，设置最终图像渲染的尺寸，在"输出大小"组内，将"宽度"调整为1500，将"高度"调整为900，如图4-84所示。

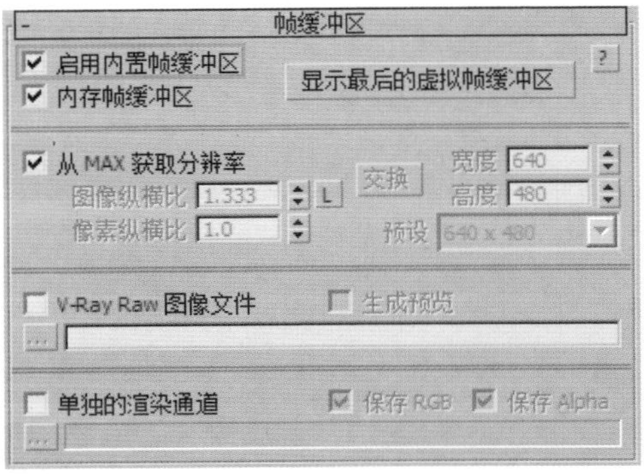

图 4-83

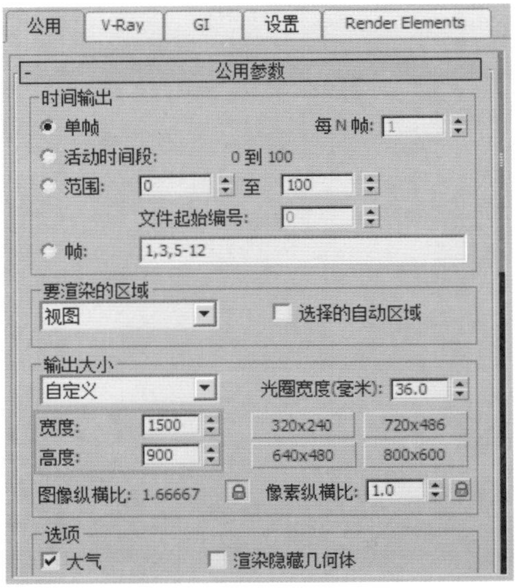

图 4-84

**15** 设置完成后，渲染场景，渲染结果如图4-85所示。

图 4-85

# 第 5 章

酒杯产品表现

## 5.1 项目分析

　　本案例是一个酒杯的产品表现，场景虽然简单，渲染出真实的效果却不容易。通过这一案例，我们来学习在 3ds Max 中创建模型、材质设定、制作灯光及渲染图像等一整套的工作流程，并了解小场景渲染需要注意的事项，为接下来几章内容的学习打下坚实的基础。图 5-1 所示为本案例的渲染效果表现图；图 5-2 所示为本案例的线框渲染图。

图 5-1

图 5-2

## 5.2 模型制作

### 5.2.1 制作酒杯模型

**01** 打开 3ds Max 软件，单击"线"按钮，在"前"视图中绘制出酒杯大概的轮廓图形，如图 5-3 所示。

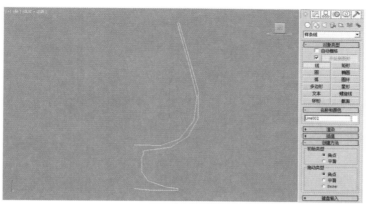

图 5-3

02 绘制完成后，单击鼠标右键结束线的创建。在"修改"面板中，按下快捷键 1，进入"顶点"子层级，并按下快捷键 W，调整曲线顶点的位置，如图 5-4 所示。

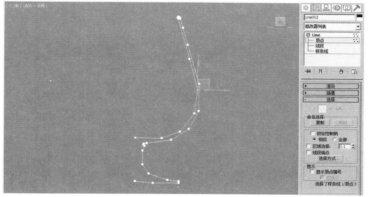

图 5-4

03 选择图 5-5 所示的顶点，单击鼠标右键，在弹出的快捷菜单中，将其设置为"平滑"点，这样可以得到较为平滑的曲线形态，如图 5-6 所示。

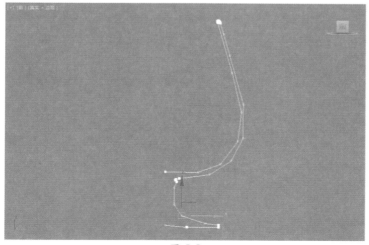

图 5-5

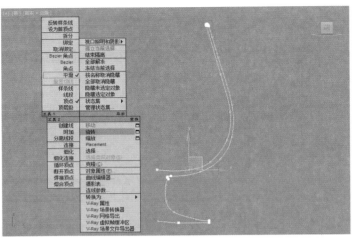

图 5-6

**04** 选择图 5-7 所示的顶点，单击鼠标右键，在弹出的快捷菜单中，将其设置为"Bezier 角点"，如图 5-8 所示。

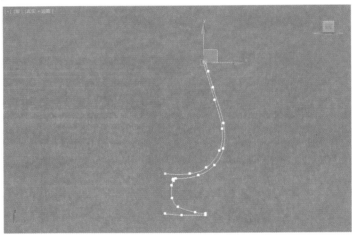

图 5-7

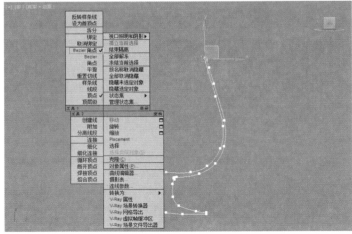

图 5-8

**05** 滑动鼠标滚轮,调整"前"视图,将图5-9所示的曲线顶点仔细调整,制作出杯口的曲线形态,调整完成后如图5-10所示。

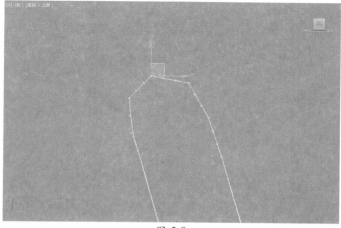
图 5-9

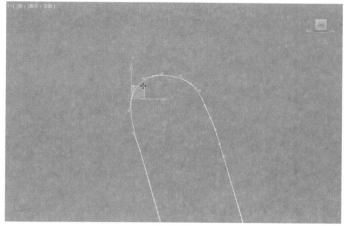
图 5-10

**06** 重复以上操作,调整曲线的其他顶点形态,如图5-11所示。调整完成后的曲线形态如图5-12所示。

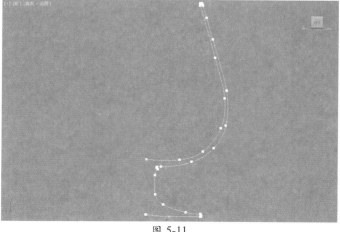
图 5-11

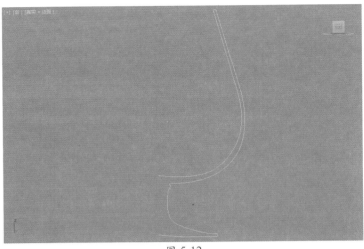

图 5-12

**07** 选择绘制完成的曲线，在"修改"面板中，为曲线添加"车削"修改器，如图 5-13 所示。

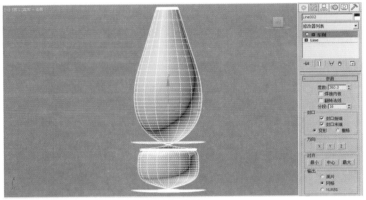

图 5-13

**08** 在"参数"卷展栏内的"对齐"组中，单击"最小"按钮 最小 ，即可得到图 5-14 所示的杯子模型。

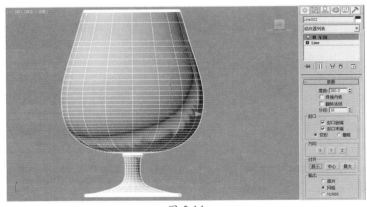

图 5-14

**09** 在"透视"视图中，观察酒杯模型，可以看到杯子的截面由于默认的"分段"值过低，显得不太美观，如图 5-15 所示。

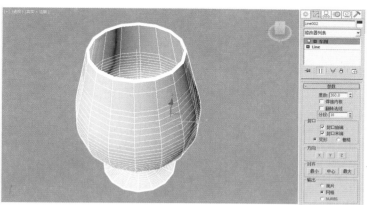

图 5-15

**10** 调整"参数"卷展栏内的"分段"值为 40，即可得到较为平滑的杯口，如图 5-16 所示。

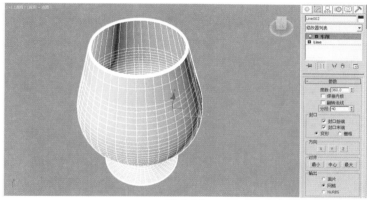

图 5-16

**11** 制作完成后的酒杯模型如图 5-17 所示。

图 5-17

### 5.2.2 制作酒水模型

选择刚刚制作好的酒杯模型，单击鼠标右键，选择并执行"克隆"命令，如图 5-18 所示。

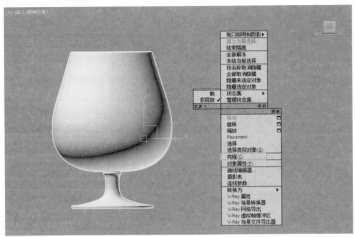

图 5-18

**01** 在弹出的"克隆选项"对话框中，在"对象"组内选择"复制"单选框，按"确定"按钮完成复制，这样在杯子模型的原位置处复制了一个新的杯子模型，如图 5-19 所示。

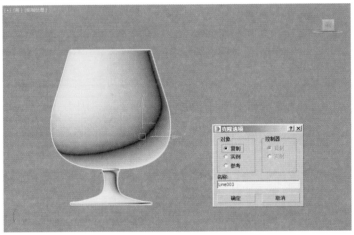

图 5-19

**02** 在"修改"面板中，进入到曲线的"线段"子层级，选择图 5-20 所示的线段，按下快捷键 Delete，对其进行删除操作，完成后如图 5-21 所示。

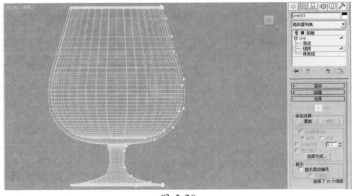

图 5-20

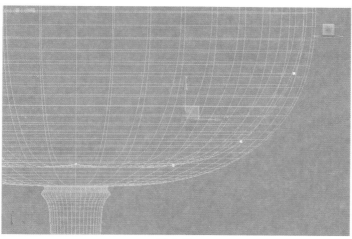

图 5-21

03 单击鼠标右键，选择并执行"细化"命令，如图 5-22 所示。在图 5-23 所示位置处添加一个顶点。

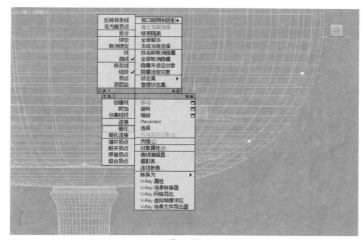

图 5-22

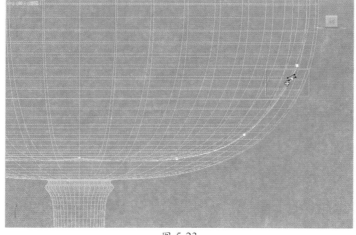

图 5-23

**04** 添加顶点完成后，调整顶点的位置，如图 5-24 所示，并使用之前所讲的方法来调整曲线的形态至图 5-25 所示。

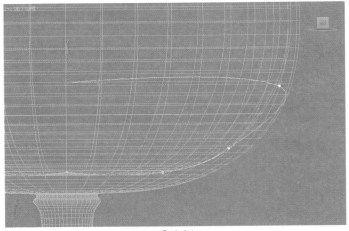

图 5-24

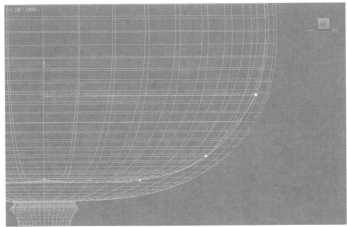

图 5-25

**05** 在"修改"面板中，单击"顶点"命令，退出曲线的"顶点"子层级，完成酒水曲线的调整，如图 5-26 所示。

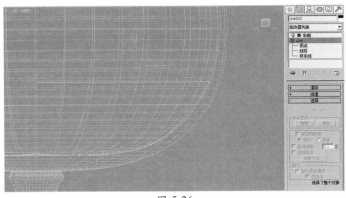

图 5-26

**06** 按下快捷键 P，在"透视"视图中，观察制作完成的杯子及酒水的模型，如图 5-27 所示。

图 5-27

## 5.3　制作材质

本案例中涉及到的材质主要为酒杯材质、酒水材质及地板材质。

### 5.3.1　制作酒杯材质

本例中所表现出来的酒杯材质如图 5-28 所示。

图 5-28

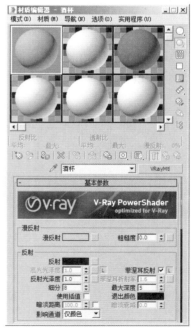

图 5-29

**01** 打开"材质编辑器"对话框，选择一个空白的材质球，设置为 VRayMtl 材质，将其重命名为"酒杯"，如图 5-29 所示。

**02** 在"漫反射"组中，调整"漫反射"的颜色为白色（红：255，绿：255，蓝：255）；在"反射"组中，设置"反射"的颜色为灰色（红：18，绿：18，蓝：18），取消勾选"菲涅耳反射"复选框，并设置"细分"的值为 32，如图 5-30 所示。

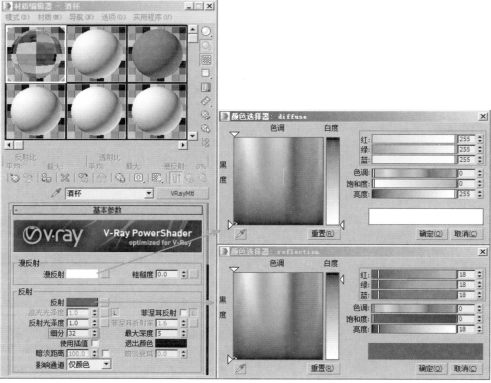

图 5-30

03 在"折射"组中,调整折射的颜色为白色(红:255,绿:255,蓝:255),设置"细分"的值为 32,增加折射的计算精度,如图 5-31 所示。

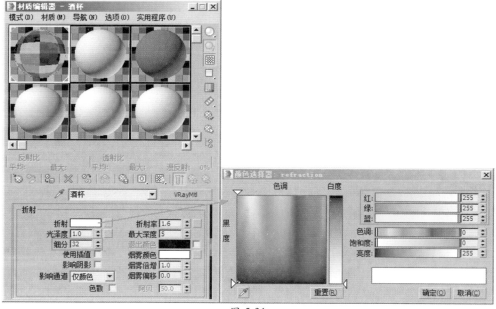

图 5-31

**04** 调试完成后的玻璃材质球效果如图 5-32 所示。

图 5-32

## 5.3.2　制作酒水材质

本例中所表现出来的酒水材质如图 5-33 所示。

图 5-33

图 5-34

**01** 打开"材质编辑器"对话框，选择一个空白的材质球，设置为 VRayMtl 材质，将其重命名为"酒水"，如图 5-34 所示。

**02** 在"漫反射"组中，调整"漫反射"的颜色为白色（红：252，绿：252，蓝：252）；在"反射"组中，设置"反射"的颜色为灰色（红：20，绿：20，蓝：20），取消勾选"菲涅耳反射"，并设置"反射光泽度"的值为 0.91，制作出酒水材质的高光，如图 5-35 所示。

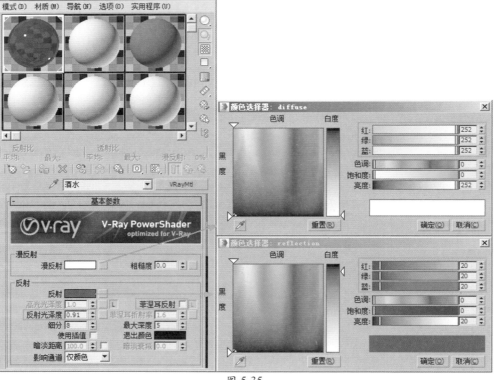

图 5-35

**03** 在"折射"组中，调整折射的颜色为白色（红：248，绿：248，蓝：248），调整"烟雾颜色"为酒红色（红：121，绿：49，蓝：49），如图 5-36 所示。

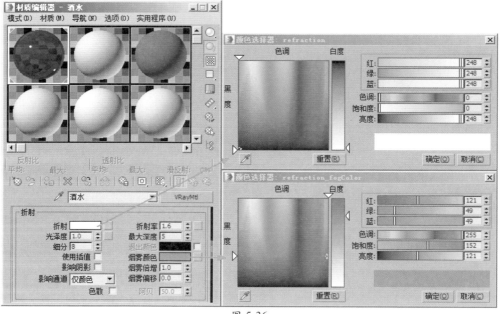

图 5-36

**04** 调试完成后的玻璃材质球效果如图 5-37 所示。

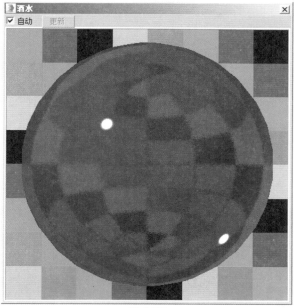

图 5-37

### 5.3.3　制作地板材质

本例中所表现出来的地板材质效果如图 5-38 所示。

图 5-38

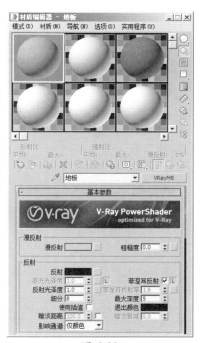

图 5-39

**01** 打开"材质编辑器"对话框，选择一个空白的材质球，设置为 VRayMtl 材质，将其重命名为"地板"，如图 5-39 所示。

**02** 在"漫反射"的贴图通道上加载一张"地板贴图 .jpg"贴图文件，并取消勾选"使用真实世界比例"复选项，如图 5-40 所示。

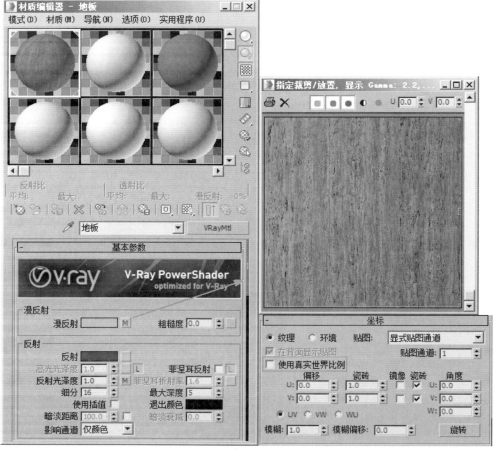

图 5-40

03 在"反射"组中，调整"反射"的颜色为灰色（红：10，绿：10，蓝：10），取消勾选"菲涅耳反射"复选项，将"漫反射"贴图通道中的贴图拖曳至"反射光泽度"的贴图通道上，并设置"细分"的值为 16，如图 5-41 所示。

图 5-41

04 制作完成的地板材质球效果如图 5-42 所示。

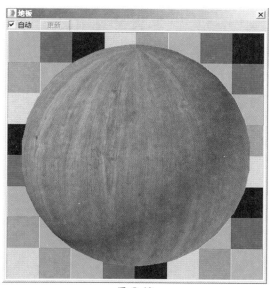

图 5-42

## 5.4　制作晴天室内照明效果

### 5.4.1　主光源设置

**01** 打开场景文件，按下快捷键 F，将视图设置为"前"视图。在创建"灯光"面板中，将下拉列表切换至 VRay，单击"VR- 太阳"按钮 ，在场景中创建一个"VR- 太阳"灯光，灯光的位置如图 5-43 所示。

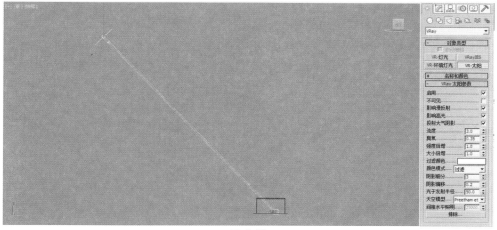

图 5-43

**02** 创建"VR- 太阳"灯光时，系统会自动弹出"VRay 太阳"对话框，询问"你想自动添加一张 VR 天空环境贴图吗？"，单击"是"按钮 是(Y)，完成环境贴图的创建，如图 5-44 所示。

图 5-44

**03** 按下快捷键 T，将视图切换为"顶"视图。调整"VR- 太阳"灯光的位置如图 5-45 所示，完成本案例的主光源的灯光设置。

图 5-45

### 5.4.2 辅助光源设置

在进行小场景渲染时，一般场景中的灯光只设置 1 盏是不够的，尤其是渲染具备反射和折射这两个特征的玻璃物体。通过在场景中添加辅助光源，更为主要的不是照亮物体，而是可以丰富玻璃表面的细节展示。具体操作步骤如下。

**01** 在"前"视图中，在创建"灯光"面板中，将下拉列表切换至 VRay，单击"VR- 灯光"按钮 VR-灯光 ，在场景中创建一个"VR- 灯光"，灯光的位置如图 5-46 所示。

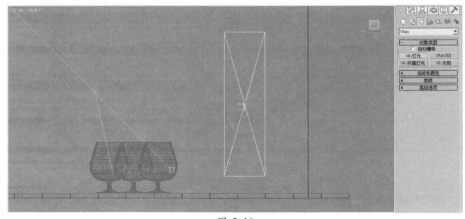

图 5-46

**02** 在"顶"视图中，调整"VR- 灯光"的角度至图 5-47 所示。

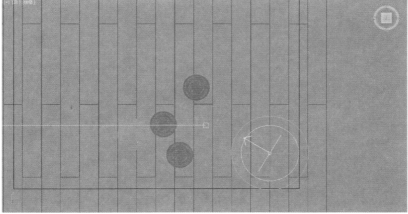

图 5-47

03 按下快捷键 Shift，以"实例"的方式复制出第二个"VR- 灯光"，并调整"VR- 灯光"的角度及位置，如图 5-48 所示。

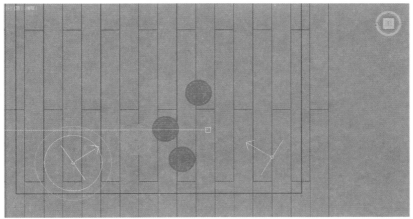

图 5-48

04 重复上一次操作，制作出场景中的第三个"VR- 灯光"，并调整"VR- 灯光"的角度及位置，如图 5-49 所示。

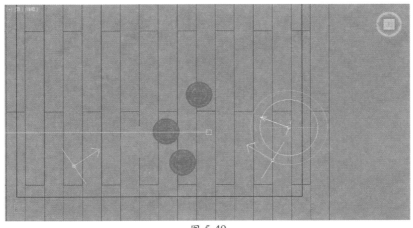

图 5-49

**05** 在"修改"面板中，设置灯光的"倍增"值为200，提高灯光的亮度，如图5-50所示。

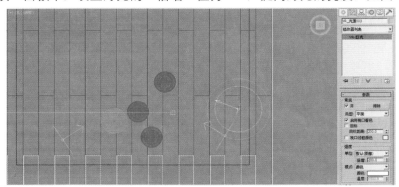

图 5-50

**06** 制作完成后，场景中的灯光设置如图5-51所示。

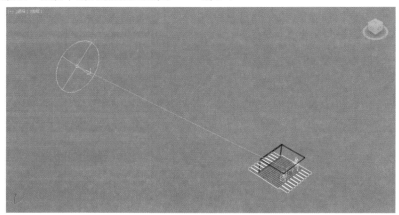

图 5-51

## 5.5 制作摄影机

**01** 在创建"摄影机"面板中，将下拉列表切换至VRay，单击"VR- 物理摄影机"按钮，在"顶"视图中创建一个带有目标点的VR- 物理摄影机，如图5-52所示。

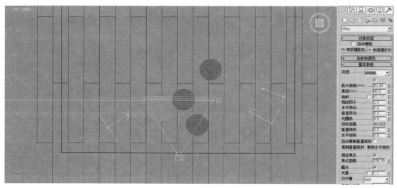

图 5-52

**02** 按下快捷键 F，在"前"视图中，调整摄影机及摄影机目标点的位置，如图 5-53 所示。

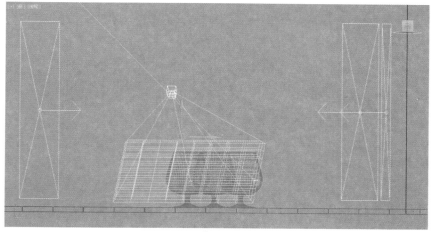

图 5-53

**03** 按下快捷键 C，进入"摄影机"视图，调整"摄影机"视图至图 5-54 所示。

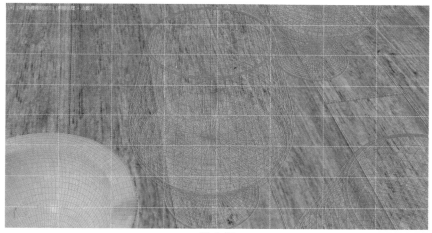

图 5-54

**04** 在"修改"面板中，调整摄影机的"胶片规格（mm）"的值为 51.84，完成摄影机的创建，如图 5-55 所示。

图 5-55

**5.6 渲染输出**

### 5.6.1 渲染设置

接下来，我们开始进行"渲染设置"面板的参数调整。

**01** 按快捷键 F10，打开"渲染设置"面板，本场景中的渲染器已经设置为 VRay 渲染器，如图 5-56 所示。

**02** 在 GI 选项卡内，单击展开"全局照明"卷展栏，在"专家模式"中，勾选"启用全局照明（GI）"复选项，并设置"首次引擎"为"发光图"，"二次引擎"为"灯光缓存"，如图 5-57 所示。

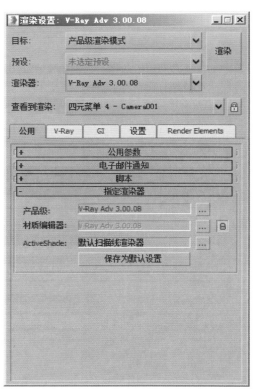

图 5-56

图 5-57

**03** 单击展开"发光图"卷展栏，在"基本模式"中，设置"当前预设"为"自定义"选项，设置"最小速率"的值为 -2，设置"最大速率"的值为 -2，如图 5-58 所示。

**04** 在 V-Ray 选项卡内，单击展开"图像采样器（抗锯齿）"卷展栏，设置"过滤器"为 Catmull-Rom，以得到更加清晰的图像渲染效果，如图 5-59 所示。

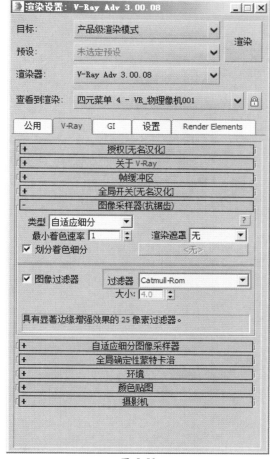

图 5-58

图 5-59

05　单击展开"全局确定性蒙特卡洛"卷展栏，设置"全局细分倍增"的值为 2.0，如图 5-60 所示。

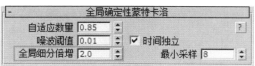

图 5-60

06　单击展开"颜色贴图"卷展栏，设置"类型"为"线性倍增"，如图 5-61 所示。

图 5-61

07　单击展开"帧缓冲区"卷展栏，勾选"启用内置帧缓冲区"复选项，如图 5-62 所示。

08　在"公用"选项卡中，设置图像渲染的尺寸，在"输出大小"组内，将"宽度"调整为 1000，将"高度"调整为 600，如图 5-63 所示。

141

图 5-63

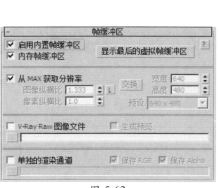

图 5-62

**09** 设置完成后，渲染场景，渲染结果如图 5-64 所示。

图 5-64

**10** 在进行小场景的渲染时，常常以景深效果来衬托出所要表现的物体对象。接下来的步骤将为读者详细讲解在 3ds Max 中如何渲染出景深效果。选择场景中的"VR- 物理摄影机"，在"修改"面板中，单击展开"采样"卷展栏，勾选"景深"复选项，如图 5-65 所示。

图 5-65

11 在"基本参数"卷展栏内，勾选"指定焦点"复选项，并设置"焦点距离"的值为
378.706，并按下快捷键 P，在"透视"视图中进行观察，如图 5-66 所示。摄影机的目标
点调整至中间酒杯模型的位置处。

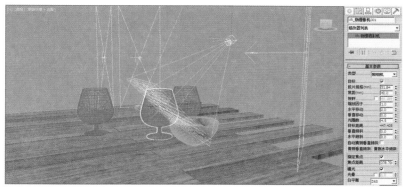

图 5-66

12 设置完成后，按下快捷键 C，回到"摄影机"视图，渲染场景，渲染结果如图 5-67 所示，
从图像上已经可以看到微弱的景深效果。

图 5-67

**13** 在"修改"面板中，调整"光圈数"的值为4.5，增加景深效果，如图5-68所示。

图 5-68

**14** 渲染场景，可以看出景深效果增强了，但是场景却过于明亮，甚至有些曝光，如图5-59所示。

图 5-69

**15** 同时设置"快门速度（S ^ -1）"的值为600，设置"胶片速度（ISO）"的值为50，适当降低渲染图像的明亮程度，如图5-70所示。

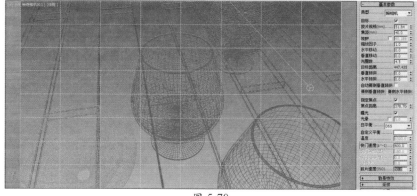

图 5-70

**16** 渲染结果如图 5-71 所示。

图 5-71

## 5.6.2　后期调整

**01** 单击 V-Ray 帧缓冲器下方的 Show　corrections　control（显示校正控制）按钮 ，打开 Color　corrections（色彩校正）对话框，如图 5-72 所示。

图 5-72

**02** 在 Color corrections（色彩校正）对话框中，勾选 Exposure（曝光）复选项，设置 Contrast（对比度）的值为 0.17，则可以加强图像的对比度，提高图像的层次感，如图 5-73 所示。

**03** 在 Color corrections（色彩校正）对话框中，勾选 Curve（曲线）复选项，并调整曲线至图 5-74 所示，提高渲染图像的明亮程度。

图 5-73

图 5-74

**04** 设置完成后，图像的最终调整效果如图 5-75 所示。

图 5-75

# 第6章

静物表现

## 6.1 项目分析

　　本章拟通过一组静物的表现来讲解在 3ds Max 中创建模型、材质设定、制作灯光及渲染图像等一整套的工作流程，也希望读者朋友们通过本章节的学习，可以对 3ds Max 软件有一个比较熟练的掌握。图 6-1 所示为本案例的渲染效果表现图；图 6-2 所示为本案例的线框渲染图。

图 6-1

图 6-2

## 6.2 模型制作

### 6.2.1 制作地球仪

**01** 打开 3ds Max 软件，单击"线"按钮，在"前"视图中绘制出地球仪底座大概的轮廓图形，如图 6-3 所示。

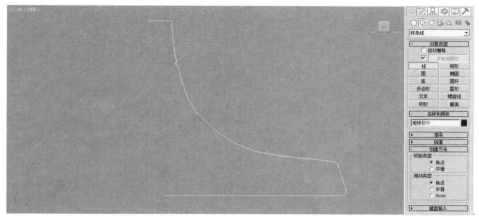

图 6-3

**02** 绘制完成后，单击鼠标右键结束线的创建。在"修改"面板中，按下快捷键 1，进入"顶点"子层级，并按下快捷键 W，调整曲线顶点的位置，如图 6-4 所示。

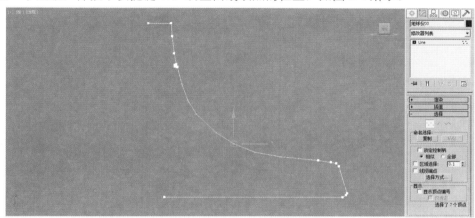

图 6-4

**03** 选择图 6-5 所示的顶点，单击鼠标右键，在弹出的快捷菜单中将其设置为"平滑"，设置完成后如图 6-6 所示。

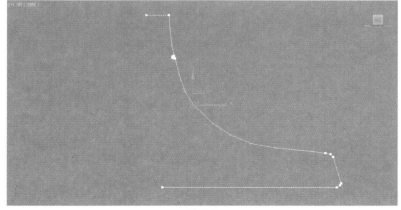

图 6-5

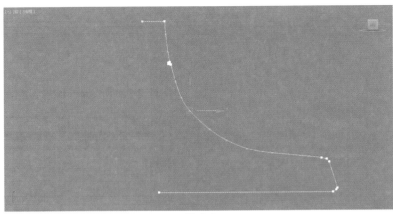

图 6-6

**04** 在"修改"面板中，为其添加"车削"修改器，如图 6-7 所示。

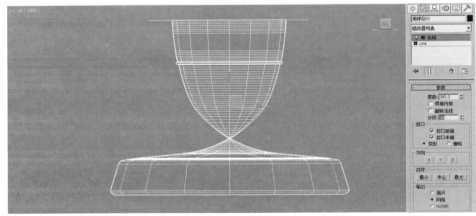

图 6-7

**05** 在"车削"修改器的"参数"卷展栏内，调整"分段"的值为 40，增加地球仪底座的平滑度。单击"对齐"组内的"最小"按钮 最小 ，得到的模型结果如图 6-8 所示。

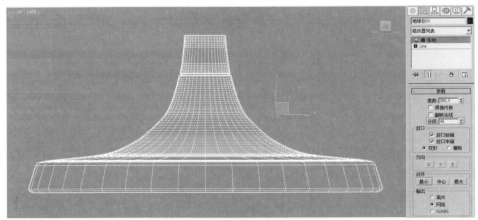

图 6-8

**06** 在"创建"面板中，单击"管状体"按钮，在"前"视图中，创建一个管状体模型，大小如图 6-9 所示。

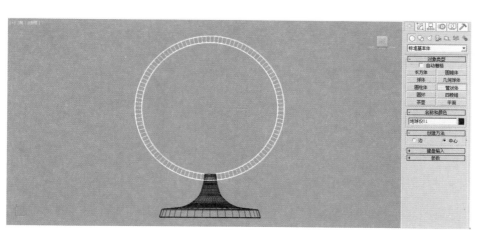

图 6-9

**07** 在"修改"面板中,设置管状体的"半径 1"的值为 9.283,设置"半径 2"的值为 10.126,设置"高度"为 1.642,设置"高度分段"的值为 1,设置"边数"的值为 110,如图 6-10 所示。

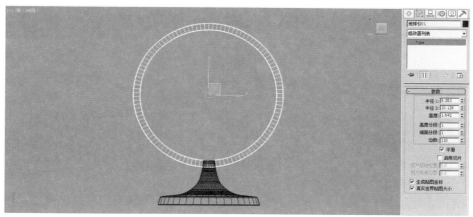

图 6-10

**08** 在"修改"面板中,为管状体添加"编辑多边形"修改器,按快捷键 4,进入"多边形"子层级,选择图 6-11 所示的面,对其进行删除,删除完成后如图 6-12 所示。

图 6-11

图 6-12

**09** 按下快捷键 1，在"顶点"子层级中，调整管状体的顶点如图 6-13 所示，制作地球仪底座的细节。

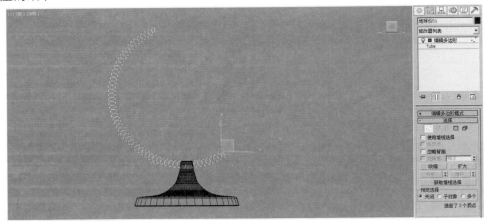

图 6-13

**10** 在"边界"子层级，选择图 6-14 所示的两处边界，单击"封口"按钮 封口 ，对其进行封口操作。

图 6-14

11 在“边”子层级，选择图 6-15 所示的一条边，单击“选择”卷展栏内的“环形”按钮，即可选择图 6-16 的边。

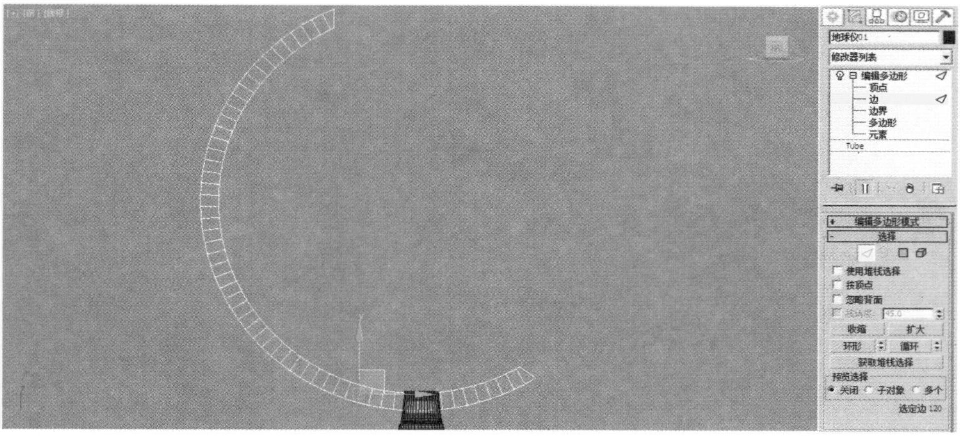


图 6-15

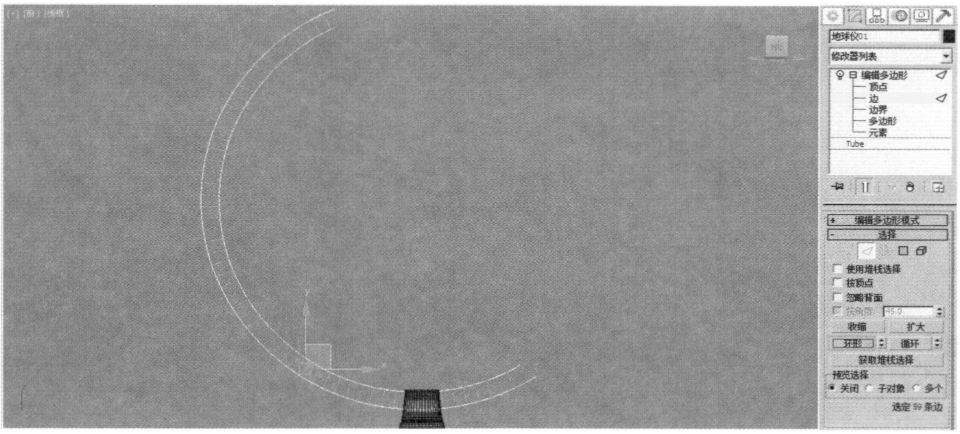


图 6-16

12 单击鼠标右键，在弹出的快捷菜单内，选择并执行“转换到面”命令，如图 6-17 所示。即可非常方便地选择图 6-18 所示的面。

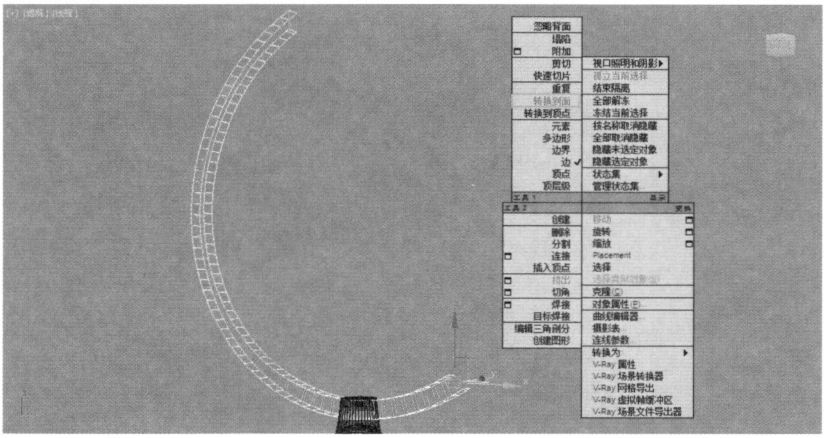


图 6-17

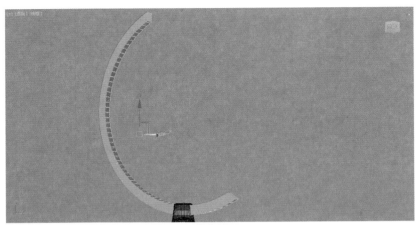

图 6-18

13 在"修改"面板中，单击"插入"按钮 插入 后面的"设置"按钮□，设置插入的"数量"值为 0.1，如图 6-19 所示。

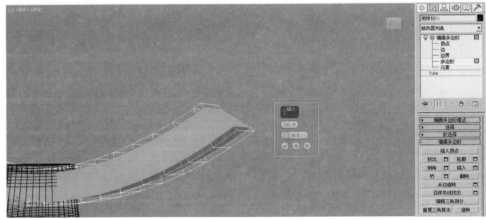

图 6-19

14 在"修改"面板中，单击"挤出"按钮 挤出 后面的"设置"按钮□，设置挤出的方式为"本地法线"，设置挤出的"数量"值为 -0.12，设置完成后，模型如图 6-20 所示。

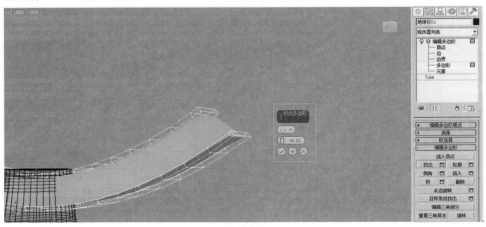

图 6-20

15 在"前"视图中，单击"线"按钮，在场景中创建出图 6-21 所示的曲线。

图 6-21

16 曲线绘制完成后，为曲线添加"车削"修改器，使用之前所讲的步骤制作出地球仪与地球仪底座的连接处模型，模型完成后如图 6-22 所示。

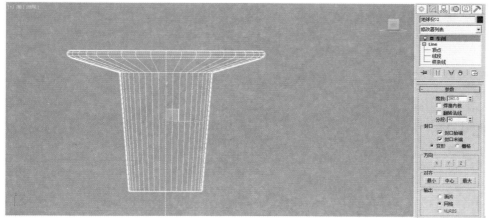

图 6-22

17 在"前"视图中，旋转该模型，并调整其位置至图 6-23 所示。

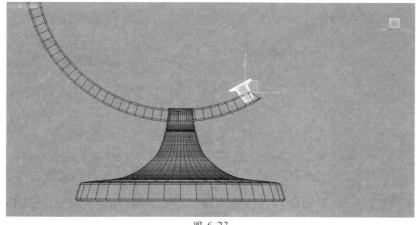

图 6-23

**18** 按下快捷键 Shift，以拖曳的方式复制该模型，并调整位置至图 6-24 所示。

图 6-24

**19** 单击"球体"按钮，在"顶"视图中创建一个球体模型，如图 6-25 所示。

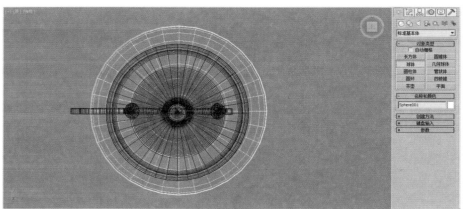

图 6-25

**20** 在"修改"面板中，调整球体的"半径"值为 8.596，调整"分段"的值为 65，如图 6-26 所示。

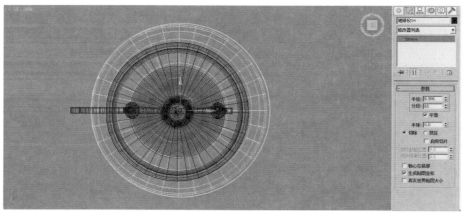

图 6-26

**21** 按下快捷键 F，将视图切换至"前"视图，调整球体的位置及角度至图 6-27 所示，完成地球仪模型的制作。

图 6-27

## 6.2.2 制作木桌

**01** 在"创建"面板中,将下拉列表切换至"扩展基本体",单击"切角长方体"按钮,在"顶"视图中绘制一个切角长方体,如图 6-28 所示。

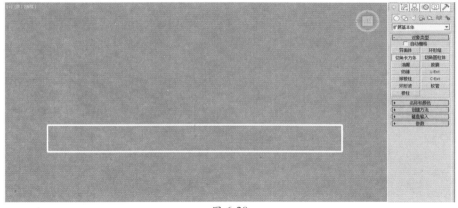

图 6-28

**02** 在"修改"面板中,设置切角长方体的"长度"为 5.999,"宽度"为 64.767,"高度"为 1.149,"圆角"值为 0.17,设置完成后,模型如图 6-29 所示。

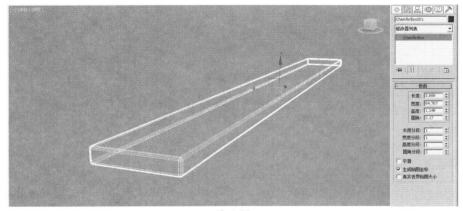

图 6-29

**03** 按下快捷键 Shift，以拖曳的方式复制出 4 个切角长方体，如图 6-30 所示。

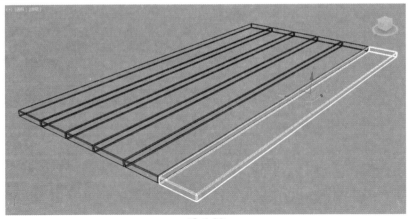

图 6-30

**04** 以同样的方式复制出桌面两侧的木板，并调整切角长方体的长度至图 6-31 所示，制作出木桌的桌面部分结构。

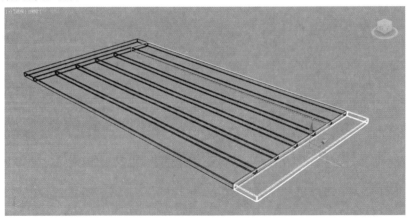

图 6-31

**05** 在场景中复制一个切角长方体，在"修改"面板中，调整"长度"为 4.199，"宽度"为 64.767，"高度"为 2.187，"圆角"值为 0.17，设置完成后，模型如图 6-32 所示。

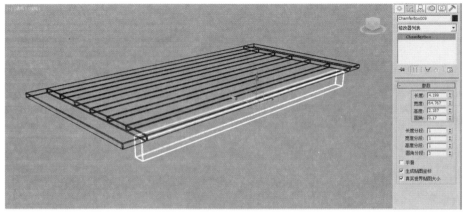

图 6-32

**06** 以相同的方式制作出桌面底部的模型细节，制作完成后模型如图 6-33 所示。

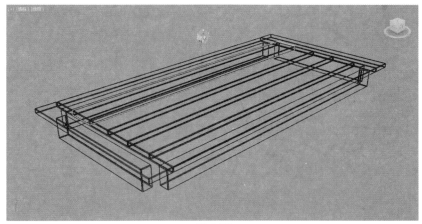

图 6-33

**07** 在场景中复制一个切角长方体，在"修改"面板中，调整"长度"为 3.8，"宽度"为 3.8，"高度"为 27.309，"圆角"值为 0.17，制作出木桌的桌腿结构，如图 6-34 所示。

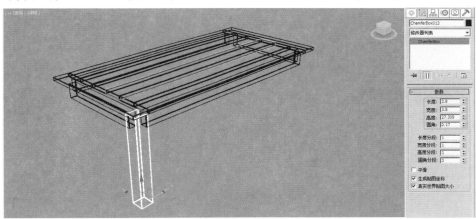

图 6-34

**08** 以相同的方式制作完成木桌的其他桌腿模型，制作完成后的模型如图 6-35 所示。

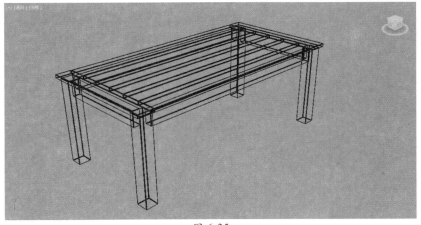

图 6-35

### 6.2.3 制作墙体

**01** 在"创建"面板中,单击"长方体"按钮,在场景中创建一个长方体,如图 6-36 所示。

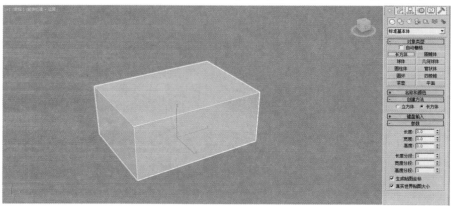

图 6-36

**02** 在"修改"面板中,设置长方体的"长度"为 271.723,"宽度"为 193.021,"高度"为 118.915,"长度分段"的值为 5,"宽度分段"的值为 1,"高度分段"的值为 3,如图 6-37 所示。

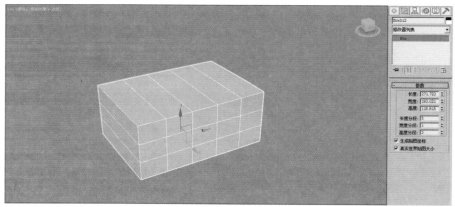

图 6-37

**03** 为长方体添加"编辑多边形"修改器,在其"顶点"子层级中,调整顶点的位置至图 6-38 所示。

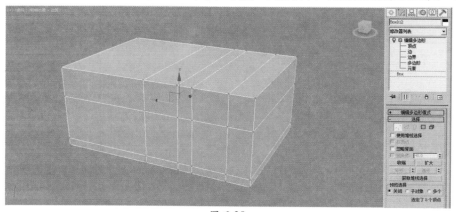

图 6-38

**04** 选择图 6-39 所示的面，按下快捷键 Delete，对其进行删除操作，如图 6-40 所示。

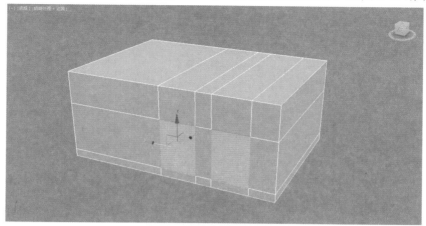

图 6-39

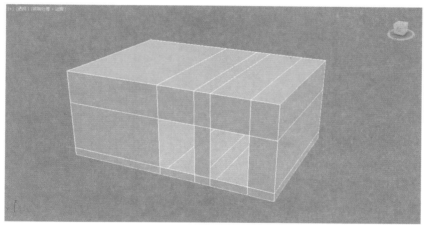

图 6-40

**05** 在"修改"面板中，为其添加"壳"修改器，如图 6-41 所示。

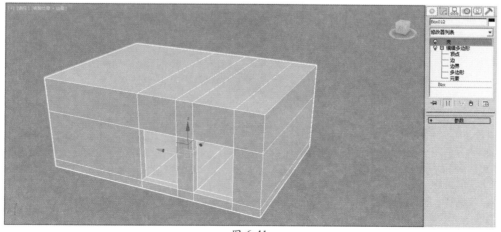

图 6-41

**06** 单击展开"壳"修改器的"参数"卷展栏，设置"内部量"的值为 9.16，设置"外部量"

的值为 0, 并勾选"将角拉直"复选项, 如图 6-42 所示, 完成墙体的制作过程。

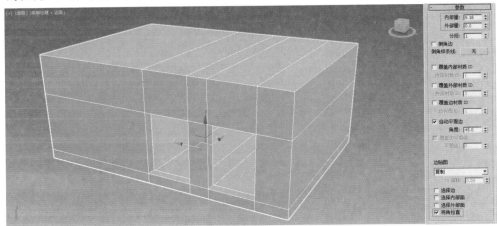

图 6-42

## 6.3 制作材质

本案例中主要涉及到的材质有地球仪材质、木桌材质、墙体材质等。

### 6.3.1 制作地球仪材质

本例中所表现出来的地球仪材质如图 6-43 所示。

图 6-43

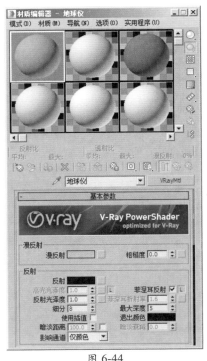

图 6-44

**01** 打开"材质编辑器"对话框, 选择一个空白的材质球, 设置为 VRayMtl 材质, 将其重命名为"地球仪", 如图 6-44 所示。

**02** 在"漫反射"的贴图通道上加载一张"地球贴图 .jpg"贴图文件, 并取消勾选"使用真实世界比例"复选项, 如图 6-45 所示。

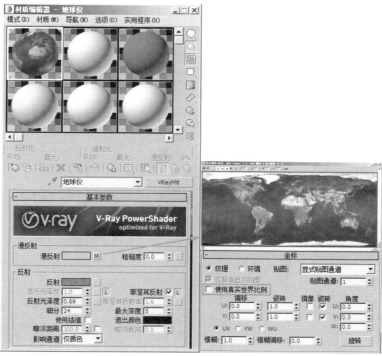

图 6-45

**03** 在"反射"组中，调整"反射"的颜色为灰色（红：37，绿：37，蓝：37），设置"反射光泽度"的值为 0.69，制作出地球仪材质表面的高光部分。设置"细分"的值为 24，提高反射效果的计算精度，如图 6-46 所示。

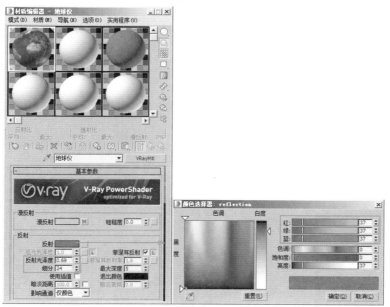

图 6-46

**04** 单击展开"贴图"卷展栏，将"漫反射"贴图通道中的贴图拖曳至"凹凸"通道上，并设置"凹凸"的强度值为 30，制作出地球仪材质表面的凹凸质感，如图 6-47 所示。

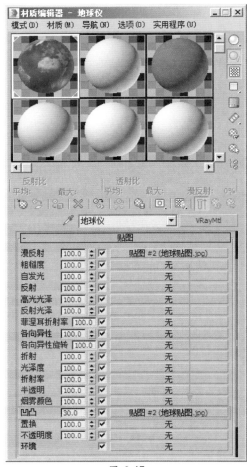

图 6-47

**05** 制作完成的地球仪材质如图 6-48 所示。

图 6-48

### 6.3.2 制作木桌材质

本例中所表现出来的地球仪材质如图 6-49 所示。

图 6-49

**01** 打开"材质编辑器"对话框，选择一个空白的材质球，设置为 VRayMtl 材质，将其重命名为"木桌"，如图 6-50 所示。

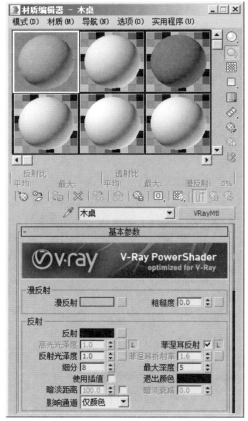

图 6-50

**02** 在"漫反射"的贴图通道上加载一张"木纹 -01.jpg"贴图文件，并取消勾选"使用真实世界比例"复选项，如图 6-51 所示。

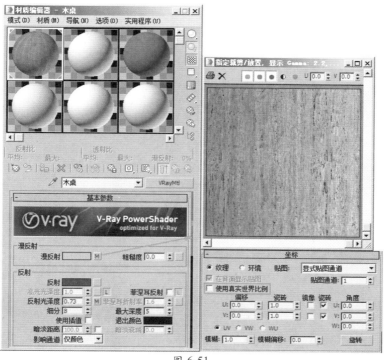

图 6-51

03 在"反射"组中,调整"反射"的颜色为灰色(红:12,绿:12,蓝:12),设置"反射光泽度"的值为 0.73,制作出地球仪材质表面的高光部分。设置"细分"的值为 8,提高反射效果的计算精度,如图 6-52 所示。

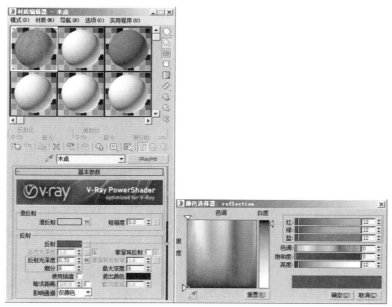

图 6-52

04 单击展开"贴图"卷展栏,将"漫反射"贴图通道中的贴图拖曳至"反射光泽度"和"凹凸"通道上,并设置"凹凸"的强度值为 30,制作出木桌材质表面的高光及凹凸质感,如图 6-53 所示。

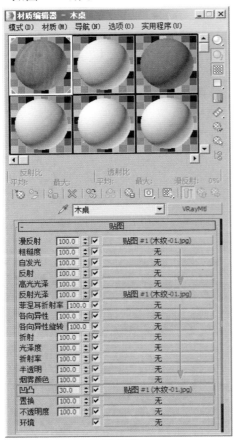

图 6-53

**05** 制作完成的木桌材质球效果如图6-54所示。

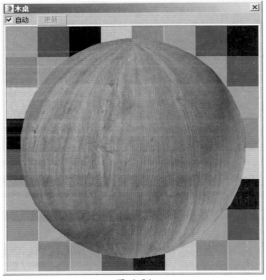

图 6-54

### 6.3.3 制作墙体材质

本例中所表现出来的地球仪材质如图6-55 所示。

图 6-55

**01** 打开"材质编辑器"对话框，选择一个空白的材质球设置为 VRayMtl 材质，将其重命名为"墙"，如图 6-56 所示。

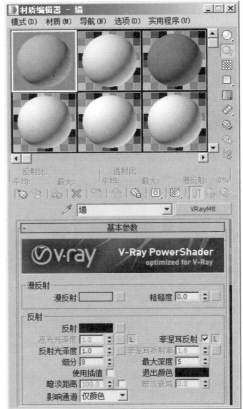

图 6-56

**02** 在"漫反射"的贴图通道上加载一张"木纹 -01.jpg"贴图文件，并取消勾选"使用真实世界比例"复选项，如图6-57所示。

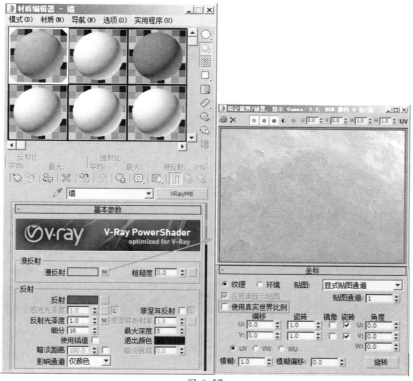

图 6-57

**03** 在"反射"组中，调整"反射"的颜色为灰色（红：12，绿：12，蓝：12），并将"漫反射"
贴图通道上的贴图拖曳至"反射光泽度"的贴图通道上，制作出地球仪材质表面的高光
部分。设置"细分"的值为 16，提高反射效果的计算精度，如图 6-58 所示。

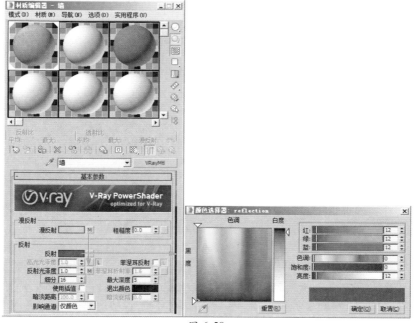

图 6-58

**04** 单击展开"贴图"卷展栏,将"反射光泽度"贴图通道中的贴图拖曳至"凹凸"通道上,并设置"凹凸"的强度值为30,制作出墙体材质表面的凹凸质感,如图6-59所示。

**05** 制作完成的墙体材质球效果如图6-60所示。

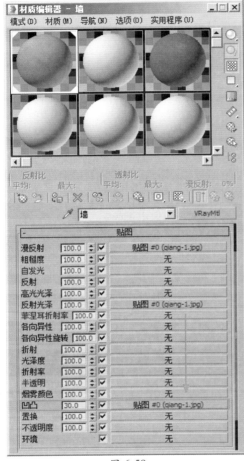

图 6-59

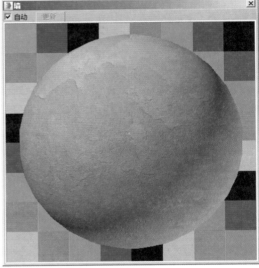

图 6-60

# 6.4 制作阴天室内灯光效果

本例中所要模拟的室内灯光并非是阳光直射的感觉,而且感觉像阴天时天光进入室内的效果。这就要求场景中物体的阴影都是模糊微弱的软阴影效果,所以在灯光的选择上,考虑使用 VRay 提供的"VR-灯光"来进行本案例的灯光制作,具体制作方法如下。

**01** 打开场景文件,按下快捷键 L,将视图设置为"左"视图。在创建"灯光"面板中,将下拉列表切换至 VRay,单击"VR-灯光"按钮,在场景中创建一个"VR-灯光" ,灯光的位置及大小如图6-61所示。

图 6-61

**02** 按下快捷键 F，在"前"视图，调整灯光位置至图 6-62 所示。

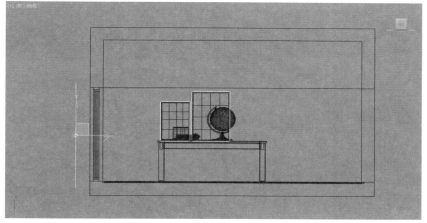

图 6-62

**03** 在"修改"面板中，设置灯光的"倍增"值为 500，增加灯光的强度，如图 6-63 所示，完成本例中灯光的创建。

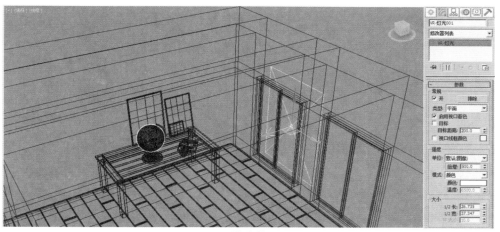

图 6-63

## 6.5　制作摄影机

**01** 在创建"摄影机"面板中，将下拉列表切换至 VRay，单击"VR- 物理摄影机"按钮，在"顶"视图中创建一个带有目标点的 VR- 物理摄影机，如图 6-64 所示。

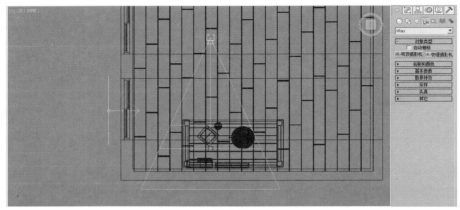

图 6-64

**02** 按下快捷键 L，在"左"视图中，调整摄影机及摄影机目标点的位置，如图 6-65 所示。

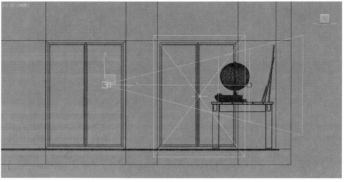

图 6-65

**03** 按下快捷键 C，进入"摄影机"视图，调整"摄影机"视图至图 6-66 所示。

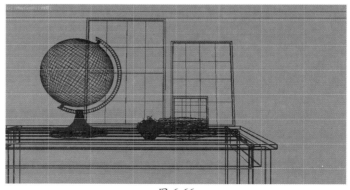

图 6-66

**04** 在"修改"面板中，调整摄影机的"胶片规格（mm）"的值为 36，完成摄影机的创建，如图 6-67 所示。

图 6-67

## 6.6　渲染输出

### 6.6.1　渲染设置

接下来，我们开始讲解"渲染设置"面板的参数调整。

**01** 按快捷键 F10，打开"渲染设置"面板，本场景中的渲染器已经设置为 VRay 渲染器，如图 6-68 所示。

图 6-68

**02** 在 GI 选项卡内，单击展开"全局照明"卷展栏，在"高级模式"中，勾选"启用全局照明（GI）"复选项，并设置"首

次引擎"为"发光图"，"二次引擎"为"灯光缓存"，设置"饱和度"的值为 0.15，如图 6-69 所示。

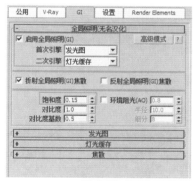

图 6-69

**03** 单击展开"发光图"卷展栏，在"基本模式"中，设置"当前预设"为"自定义"选项，设置"最小速率"的值为 -2，设置"最大速率"的值为 -2，如图 6-70 所示。

图 6-70

**04** 在 V-Ray 选项卡内，单击展开"图像采样器（抗锯齿）"卷展栏，设置"类型"为"自适应"，设置"过滤器"为"区域"，"大小"值为 1.0，以得到更加清晰的图像渲染效果，如图 6-71 所示。

图 6-71

**05** 单击展开"自适应图像采样器"卷展栏，设置"最小细分"的值为 1，"最大细分"的值为 32，提高图像渲染质量，如图 6-72 所示。

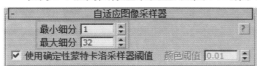

图 6-72

**06** 单击展开"颜色贴图"卷展栏，设置"类型"为"线性倍增"，如图 6-73 所示。

图 6-73

**07** 单击展开"帧缓冲区"卷展栏，勾选"启用内置帧缓冲区"复选项，如图 6-74 所示。

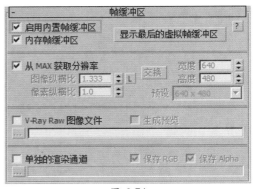

图 6-74

**08** 在"公用"选项卡中，设置图像渲染的尺寸，在"输出大小"组内，将"宽度"调整为 1500，将"高度"调整为 900，如图 6-75 所示。

图 6-75

**09** 设置完成后，渲染场景，渲染结果如图 6-76 所示。

图 6-76

## 6.6.2　后期调整

**01** 单击 V-Ray 帧缓冲器下方的 Show corrections control（显示校正控制）按钮 ，打开 Color corrections（色彩校正）对话框，如图 6-77 所示。

图 6-77

**02** 在 Color corrections（色彩校正）对话框中，勾选 Exposure（曝光）复选项，设置 Contrast（对比度）的值为 0.18，则可以加强图像的对比度，提高图像的层次感，如图 6-78 所示。

图 6-78

**03** 设置完成后，图像的最终调整效果如图 6-79 所示。

图 6-79

# 第7章
## 日式中庭景观表现

## 7.1　项目分析

　　这是一个典型的日式风格中庭庭院景观设计，空间虽然狭小，却设计得非常精美。通过低矮的窗户向外望去，水从简单的竹槽慢慢流入粗糙的石制水盆中，配以周边精心修建的植物及地面上的石块，给人们展示出一幅极其静谧的景色。从外面倾泻而入的天光照亮这整个小小的庭院，并通过这低矮的窗户投射进室内，使得自然与空间紧密地连接起来。图7-1所示为本案例的渲染效果表现图；图7-2所示为本案例的线框渲染图。

图 7-1

图 7-2

## 7.2　模型制作

我们首先进行空间局部模型的创建，本例的模型主要分为结构模型和外部导入模型，如花草树木这些模型。下面就场景中的一些主要模型逐一进行细致的制作讲解。

### 7.2.1　制作矮窗模型

**01** 打开本书配套场景文件，如图 7-3 所示。

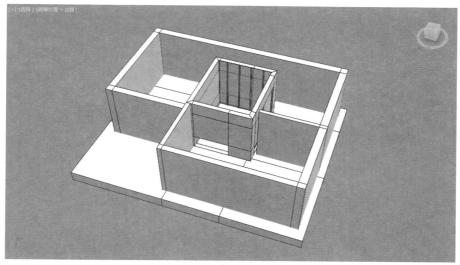

图 7-3

**02** 按下快捷键 S，打开"顶点捕捉"命令。将"创建"面板的下拉列表设置为"窗"，单击"固定窗"按钮，在"透视"视图中，模型的窗户位置处创建一个固定窗的模型，如图 7-4所示。

图 7-4

**03** 选择固定窗模型。在"修改"面板中，单击展开"参数"卷展栏。在"窗框"组中，设置"水平宽度"为 4.0cm，设置"垂直宽度"的值为 2.5cm，设置"厚度"值为 7.0cm；在"玻璃"组中，设置"厚度"为 1.0cm；在"窗格"组中，设置"宽度"的值为 3.5cm。完成结果如图 7-5 所示。

图 7-5

**04** 在"修改器列表"中，为固定窗模型添加"编辑网格"修改器，如图 7-6 所示。

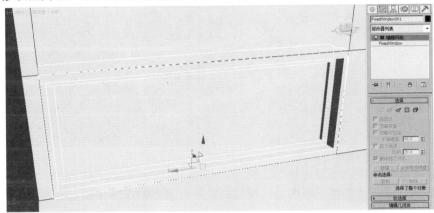

图 7-6

**05** 按下快捷键 5，进入"编辑网格"修改器的"元素"子层级命令，选择固定窗的玻璃部分，如图 7-7 所示。

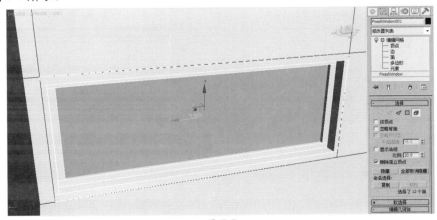

图 7-7

**06** 单击鼠标右键，在弹出的快捷菜单中，执行"分离"命令，将固定窗的玻璃结构分离出来，有利于我们将来对其赋予玻璃材质，如图 7-8 所示。

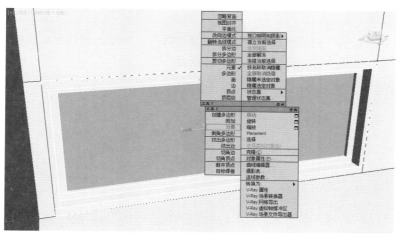

图 7-8

**07** 接下来，在场景中，单击选择固定窗的窗框部分，以同样的方式也将其分离出来，有利于我们将来对其赋予金属材质，如图 7-9 所示。

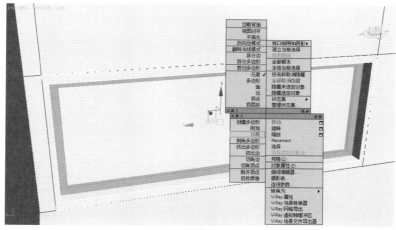

图 7-9

**08** 这样，本案例中的矮窗模型就制作完成了，如图 7-10 所示。

图 7-10

### 7.2.2 制作石制水盆模型

**01** 将"创建"面板的下拉列表设置为"标准基本体",单击"管状体"按钮,在"透视"视图中创建一个管状体的模型,如图7-11所示。

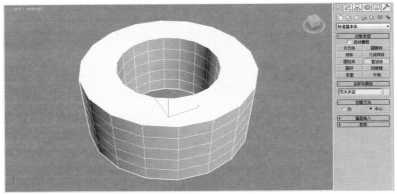

图 7-11

**02** 在"修改"面板中,为管状体添加一个"编辑多边形"修改器,按下快捷键1,进入"顶点"子层级,随机移动管状体上面的顶点位置至图7-12所示。

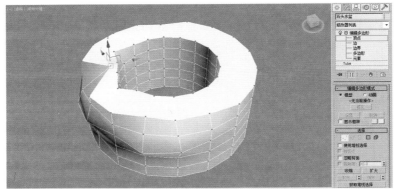

图 7-12

**03** 调整完成后,退出"编辑多边形"修改器的"顶点"子层级。在"修改"面板中,为管状体添加一个"涡轮平滑"修改器,并设置"迭代次数"的值为2,通过增加面数的方式来平滑模型,如图7-13所示。

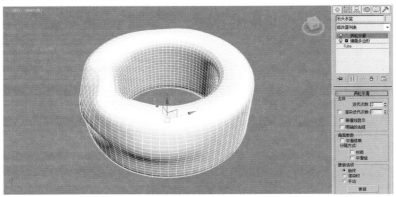

图 7-13

**04** 接下来在"修改"面板中，为管状体添加一个"噪波"修改器，在其"参数"卷展栏中，设置"比例"的值为 21.6；在其"强度"组中，设置 X 的值为 1.0cm，Y 的值为 1.0cm，Z 的值为 0.5cm，使得石制水盆的模型表面产生随机的凹凸形态，如图 7-14 所示。

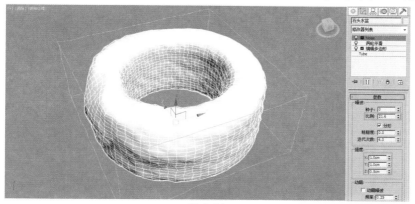

图 7-14

**05** 在"修改"面板中，为管状体添加一个"锥化"修改器。设置"锥化"组内的"数量"值为 -0.14，设置"曲线"的值为 0.09，如图 7-15 所示。

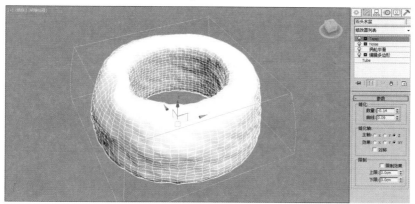

图 7-15

**06** 按下快捷键 T，进入"顶"视图。单击"创建"面板中的"平面"按钮，在石制水盆的位置处创建一个平面模型用来制作水面，如图 7-16 所示。

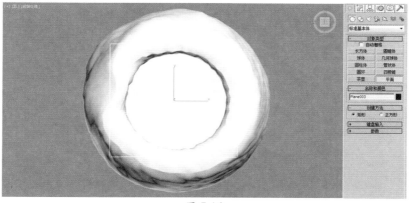

图 7-16

**07** 选择平面模型，单击鼠标右键，在弹出的快捷菜单中，执行"转换为/转换为可编辑网格"命令，将其转换为可编辑网格对象，如图7-17所示。

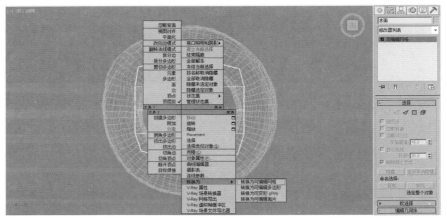

图 7-17

**08** 在"修改"面板中，按下快捷键1，进入"顶点"子层级，调整平面模型的顶点位置至图7-18所示，制作出水面模型。

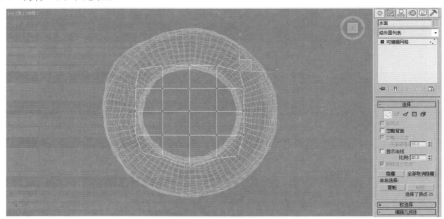

图 7-18

**09** 制作完成的石制水盆最终效果如图7-19所示。

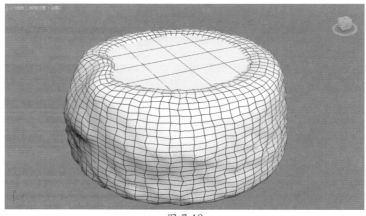

图 7-19

### 7.2.3 制作竹制围栏

**01** 在"创建"面板中，单击"圆柱体"按钮，在场景中创建一个圆柱体对象，如图 7-20 所示。

图 7-20

**02** 在"修改"面板中，设置圆柱体的"半径"值为 1.0cm，"高度"值为 370.0cm，"高度分段"的值为 32，"边数"的值为 12，如图 7-21 所示。

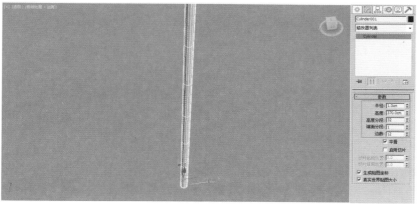

图 7-21

**03** 为圆柱体添加一个"编辑多边形"修改器。进入其"边"子层级，选择图 7-22 所示的边，单击"选择"卷展栏内的"循环"按钮，选择图 7-23 所示的边。

图 7-22

图 7-23

**04** 在"编辑边"卷展栏内，单击"切角"命令后面的"设置"按钮，设置切角的"数量"值为 0.518cm，设置"分段"值为 5，如图 7-24 所示。

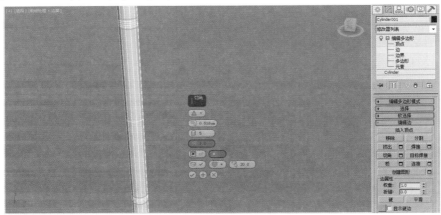

图 7-24

**05** 在"透视"视图中，双击鼠标选择图 7-25 所示的循环边，按下快捷键 R 键，对其进行缩放操作，操作结果如图 7-26 所示。

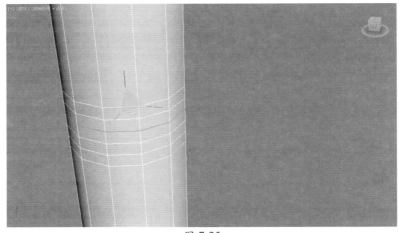

图 7-25

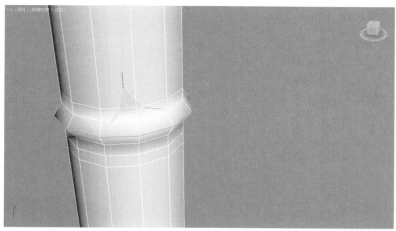

图 7-26

**06** 重复以上操作，制作出竹竿的细节，如图 7-27 所示。

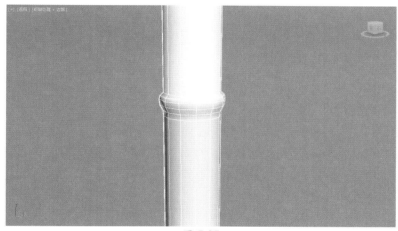

图 7-27

**07** 按下快捷键 Shift，复制出多个竹竿，调整其位置，即可制作出不规则的竹制围栏模型，如图 7-28 所示。

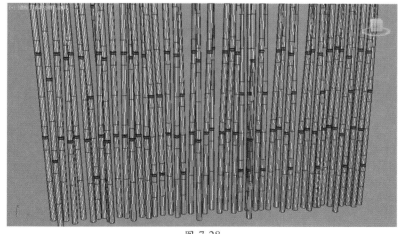

图 7-28

## 7.3 制作材质

本案例的主要材质包括墙体材质、地板材质、玻璃材质、石头材质、竹子材质等。

### 7.3.1 制作墙体材质

本例中所表现出来的墙体效果如图7-29所示。

图 7-29

**01** 打开"材质编辑器"对话框，选择一个空白的材质球，设置为VRayMtl材质，将其重命名为"墙"，如图7-30所示。

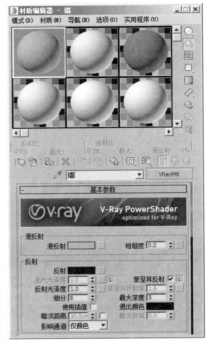

图 7-30

**02** 设置"漫反射"的颜色为白色（红：255，绿：255，蓝：255），如图7-31所示。

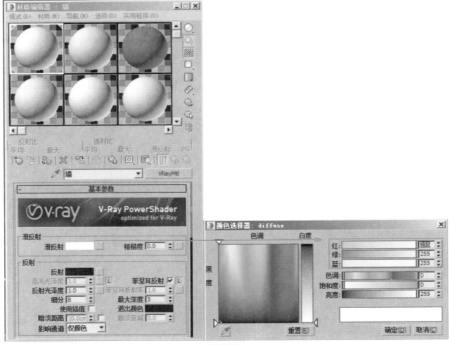

图 7-31

**03** 调试完成后的墙体材质球效果如图 7-32 所示。

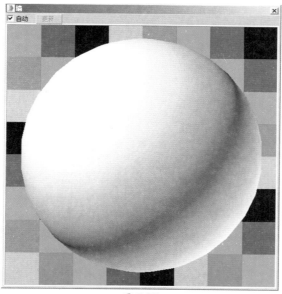

图 7-32

### 7.3.2 制作地板材质

本例中所表现出来的地板效果如图 7-33 所示。

图 7-33

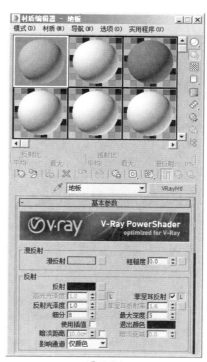

图 7-34

**01** 打开材质编辑器，选择一个空白的材质球设置为 VRayMtl 材质，将其重命名为"地板"，如图 7-34 所示。

**02** 在"漫反射"的贴图通道上加载一张"木纹 -01.jpg"贴图文件，并取消勾选"使用真实世界比例"复选项，如图 7-35 所示。

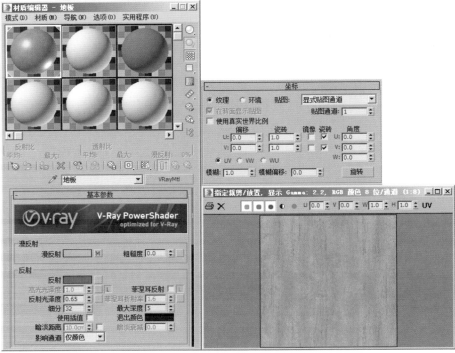

图 7-35

**03** 设置"反射"的颜色为灰色（红：29，绿：29，蓝：29），设置"反射光泽度"的值为 0.65，将"细分"的值设置为 32，增加反射的渲染计算精度，如图 7-36 所示。

图 7-36

**04** 调试完成后的地板材质球效果如图 7-37 所示。

图 7-37

### 7.3.3　制作玻璃材质

本例中所表现出来的玻璃效果如图 7-38 所示。

图 7-38

**01** 打开"材质编辑器"对话框，选择一个空白的材质球，设置为 VRayMtl 材质，将其重命名为"玻璃"，如图 7-39 所示。

图 7-39

**02** 在"漫反射"组中，调整"漫反射"的颜色为白色（红：250，绿：250，蓝：250）；在"反射"组中，设置"反射"的颜色为灰色（红：35，绿：35，蓝：35），如图 7-40 所示。

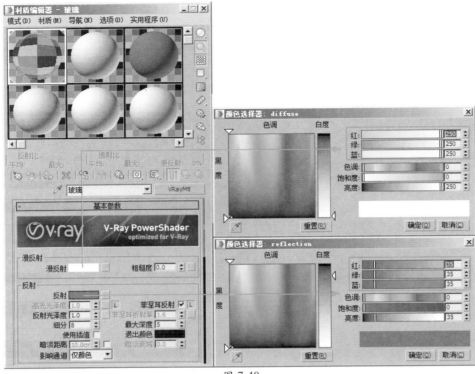

图 7-40

03 在"折射"组中，调整折射的颜色为白色（红：253，绿：253，蓝：253），调整"折射率"的值为 1.6，并勾选"影响阴影"复选项，如图 7-41 所示。

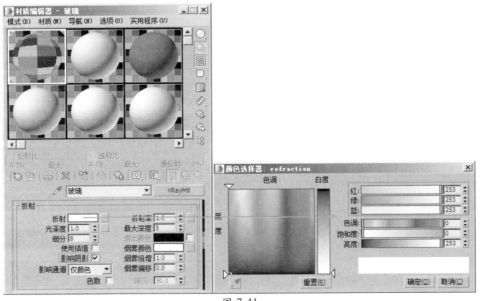

图 7-41

04 调试完成后的玻璃材质球效果如图 7-42 所示。

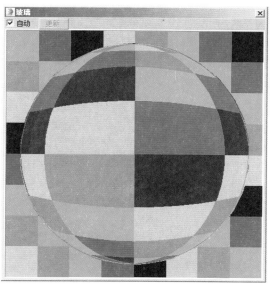

图 7-42

### 7.3.4　制作石头材质

本例中所表现出来的石头材质效果如图 7-43 所示。

图 7-43

**01** 打开"材质编辑器"对话框，选择一个空白的材质球，设置为 VRayMtl 材质，将其重命名为"石头"，如图 7-44 所示。

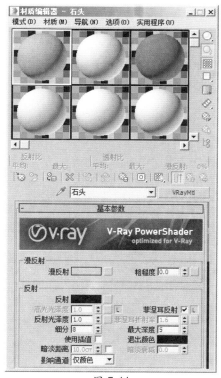

图 7-44

**02** 在"漫反射"的贴图通道上加载一张"iAlpine-Rock_79.jpg"贴图文件，并取消勾选"使用真实世界比例"复选项，调整"瓷砖"的 U 值为 2.0，调整"瓷砖"的 V 值为 4.5，如图 7-45 所示。

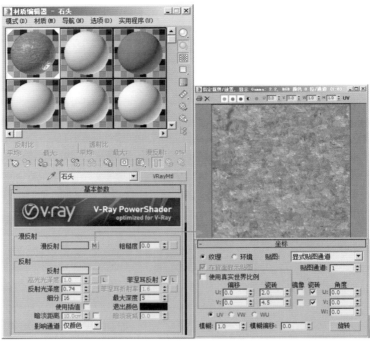

图 7-45

03 在"反射"组中，设置"反射"的颜色为灰色（红：156，绿：156，蓝：156），设置"反射光泽度"的值为 0.74，设置"细分"的值为 16，如图 7-46 所示。

图 7-46

04 展开"材质编辑器"面板中的"贴图"卷展栏，在其"凹凸"通道上加载一张"AI29_01_metal_dirt.jpg"贴图文件，并设置"凹凸"的强度值为 100，如图 7-47 所示。

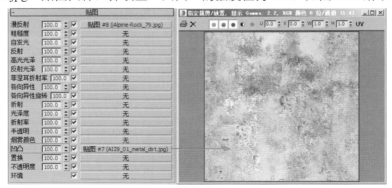

图 7-47

**05** 调试完成后的玻璃材质球效果如图 7-48 所示。

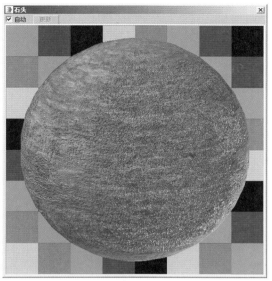

图 7-48

### 7.3.5　制作竹子材质

本例中所表现出来的竹子材质效果如图 7-49
所示。

图 7-49

**01** 打开"材质编辑器"对话框，选择一个空白的
材质球，设置为 VRayMtl 材质，将其重命名
为"竹子"，如图 7-50 所示。

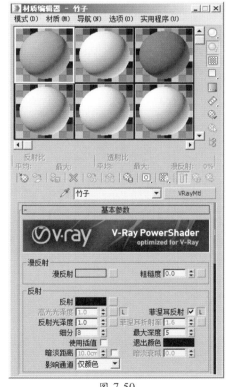

图 7-50

**02** 在"漫反射"的贴图通道上加载一张"竹竿 .jpg"贴图文件，并取消勾选"使用真实世界比例"
复选项，如图 7-51 所示。

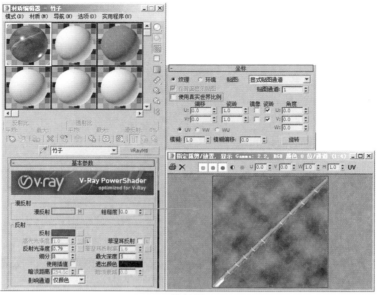

图 7-51

**03** 在"反射"组中,设置"反射"的颜色为灰色(红:8,绿:8,蓝:8),设置"反射光泽度"的值为 0.79,如图 7-52 所示。

图 7-52

**04** 调试完成后的竹子材质球效果如图 7-53 所示。

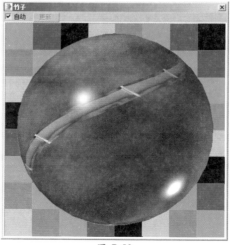

图 7-53

# 7.4　制作灯光及摄影机

本案例为中庭的庭院景观设计，中庭上无屋顶，虽然空间较小，却与自然相连接。故在灯光照明的设置上，应首先考虑天光的进入，其次在补光上考虑添加一个射灯灯光来提亮空间的亮点。

## 7.4.1　制作天光灯光

01　打开场景文件，将视图设置为"顶"视图。在创建"灯光"面板中，将下拉列表切换至VRay，单击"VR-灯光"按钮，在场景中创建一个"VR-灯光"，灯光的大小应与模型相符，如图 7-54 所示。

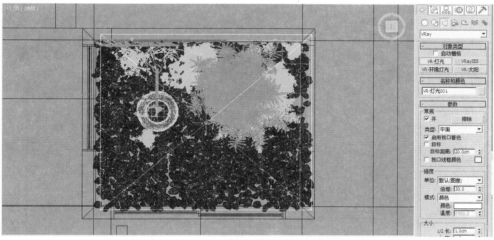

图 7-54

02　在"修改"面板中，设置"VR-灯光"的"倍增"值为 7.0，适当降低"VR-灯光"本身默认的亮度，如图 7-55 所示。

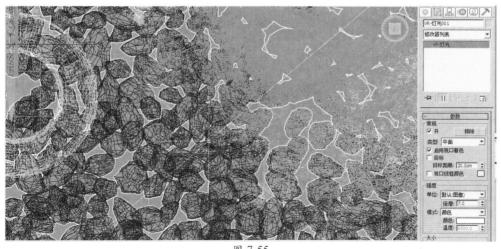

图 7-55

03　在"前"视图中，将"VR-灯光"的位置调整至建筑空间的上方，如图 7-56 所示。

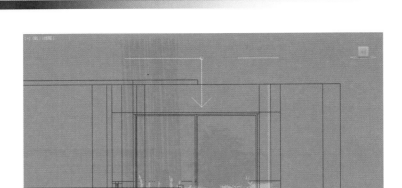

图 7-56

**04** 这样，天光的模拟就设置完成了，接下来，我们开始设置射灯灯光。

### 7.4.2　制作射灯灯光

**01** 将视图设置为"顶"视图，单击"目标聚光灯"按钮，在场景中创建一个"目标聚光灯"，如图 7-57 所示。

图 7-57

**02** 在"前"视图中，调整"目标聚光灯"的位置至图 7-58 所示。

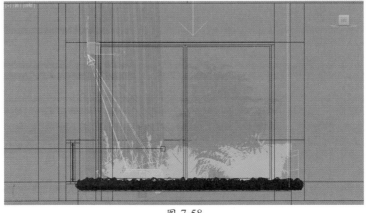

图 7-58

**03** 在"修改"面板中，单击展开"常规参数"卷展栏，勾选"阴影"组内的"启用"复选框，并设置阴影的计算方式为"VR-阴影"，如图7-59所示。

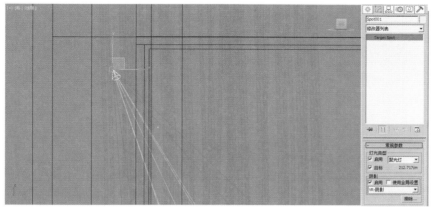

图 7-59

**04** 单击展开"强度 / 颜色 / 衰减"卷展栏，设置灯光的"倍增"值为2.0，并调整灯光的色彩为橙色（红：211，绿：126，蓝：50），如图7-60所示。

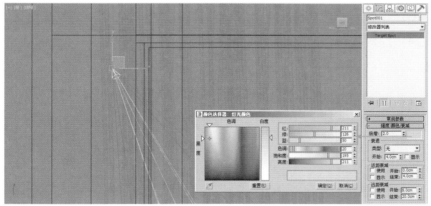

图 7-60

**05** 单击展开"聚光灯参数"卷展栏，设置"光锥"组内的"聚光区 / 光束"值为15.0，设置"衰减区 / 区域"的值为45.1，控制射灯的照明范围，如图7-61所示。

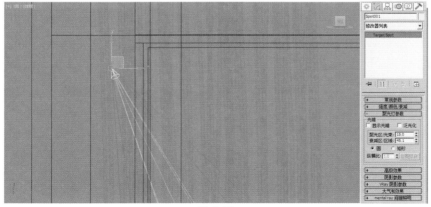

图 7-61

**06** 到这里，本案例场景的灯光设置就全部完成了，视口显示结果如图 7-62 所示。

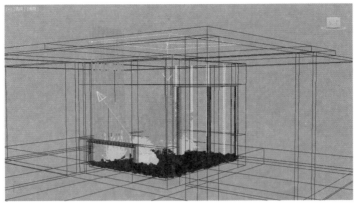

图 7-62

### 7.4.3 制作摄影机

**01** 在创建"摄影机"面板中，单击"目标"按钮，在"顶"视图中创建一个带有目标点的摄影机，如图 7-63 所示。

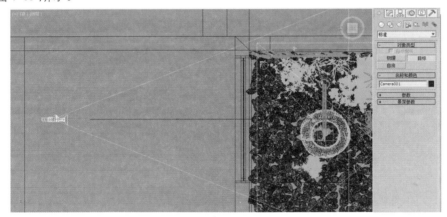

图 7-63

**02** 按下快捷键C，进入"摄影机"视图，单击"平移摄影机"按钮，调整摄影机的角度至图 7-64 所示。

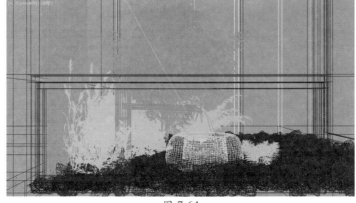

图 7-64

**03** 在"修改"面板中，设置摄影机的"镜头"值为43.456，如图7-65所示。

图 7-65

**04** 到这里，本案例场景的灯光及摄影机设置就全部完成了，视口显示结果如图7-66所示。

图 7-66

# 7.5 渲染输出

## 7.5.1 渲染设置

接下来，开始进行"渲染设置"面板的参数调整。

**01** 按快捷键F10，打开"渲染设置"面板，本场景中的渲染器已经设置为VRay渲染器，如图7-67所示。

**02** 在GI选项卡内，单击展开"全局照明"卷展栏，在"专家模式"中，勾选"启用全局照明（GI）"复选项，并设置"首次引擎"为"发光图"，"二次引擎"为"灯光缓存"，设置"饱和度"的值为0.8，如图7-68所示。

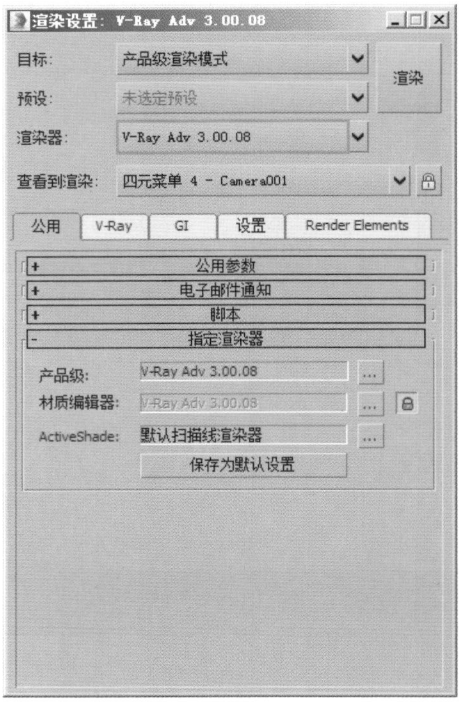

图 7-67

图 7-68

03 单击展开"发光图"卷展栏,在"基本模式"中,设置"当前预设"为"自定义"选项,

设置"最小速率"的值为 -2,设置"最大速率"的值为 -2,如图 7-69 所示。

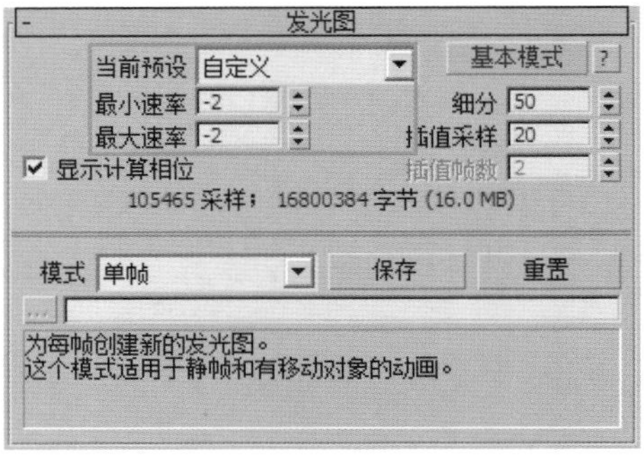

图 7-69

04 单击展开"灯光缓存"卷展栏,在"基本模式"中,设置"细分"的值为 1200,如图 7-70 所示。

图 7-70

05 在 V-Ray 选项卡内,单击展开"图像采样器(抗锯齿)"卷展栏,设置"过滤器"为 Catmull-Rom,以得到更加清晰的图像渲染效果,如图 7-71 所示。

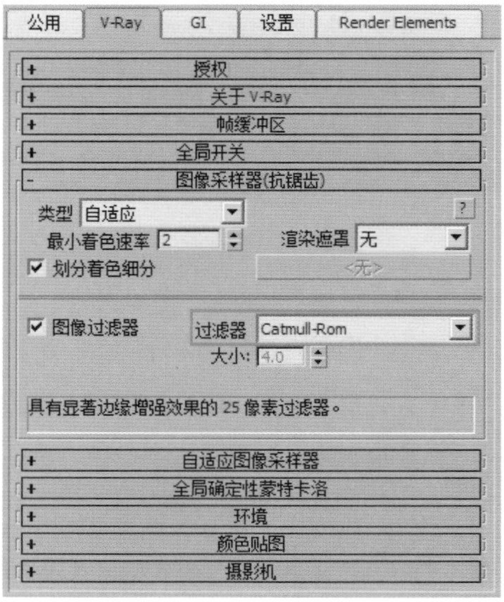

图 7-71

**06** 单击展开"全局确定性蒙特卡洛"卷展栏，设置"全局细分倍增"的值为5，提高图像的整体渲染质量，如图7-72所示。

图 7-72

**07** 在"公共"选项卡中，设置最终图像渲染的尺寸，在"输出大小"组内，将"宽度"调整为1500，将"高度"调整为900，如图7-73所示。

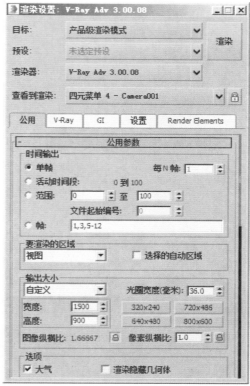

图 7-73

**08** 设置完成后，渲染场景，渲染结果如图7-74所示。

图 7-74

### 7.5.2 后期调整

**01** 单击V-Ray帧缓冲器下方的Show corrections control（显示校正控制）按钮█，打开

Color corrections（色彩校正）对话框，如图 7-75 所示。

图 7-75

02 在 Color corrections（色彩校正）对话框中，勾选 Exposure（曝光）复选项，设置 Exposure（曝光）的值为 0.1，略微提高图像的明亮程度。设置 Contrast（对比度）的值为 0.10，则可以加强图像的对比度，提高图像的层次感，如图 7-76 所示。

图 7-76

03 勾选 Color balance（色彩平衡）复选项，调整 Cyan/Red（青色／红色）的值为 0.02，调整 Yellow/Blue（黄色／蓝色）的值为 -0.04，使得图像的色彩偏暖一些，如图 7-77 所示。

图 7-77

**04** 设置完成后，图像的最终调整效果如图 7-78 所示。

图 7-78

# 第8章

## 办公空间景观表现

## 8.1 项目分析

本案例是一个办公空间休闲处的景观设计表现，敞开的墙壁犹如画框一样，可以让人一眼望见庭院中的景色，阳光穿透半透明的玻璃幕墙，使得内外空间轻松地连接在了一起。图8-1所示为本案例的渲染效果表现图；图8-2所示为本案例的线框渲染图。

图 8-1

图 8-2

## 8.2 模型制作

我们首先进行空间局部模型的创建，本例的模型主要分为结构模型和外部导入模型，下面逐一进行细致的制作讲解。

渲染王3ds Max/VRay项目案例表现技术精粹

### 8.2.1 制作空间模型

**01** 打开 3ds Max 软件，一般在进行空间模型制作前，需要设定一下场景的单位。执行菜单栏"自定义 > 单位设置"命令，如图 8-3 所示。

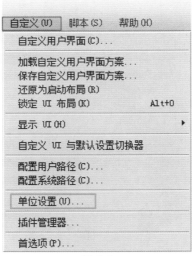

图 8-3

**02** 在弹出的"单位设置"面板中，设置"显示单位比例"为"公制"，并设置单位为"米"，如图 8-4 所示。

**03** 单击"系统单位设置"按钮，在弹出的"系统单位设置"面板中，设置"系统单位比例"组中为"1 单位 =1.0 毫米"，设置完成后，单击"确定"按钮关闭此对话框，如图 8-5 所示。

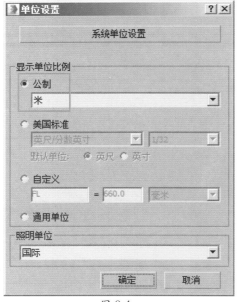

图 8-4

图 8-5

**04** 在"创建"面板中，单击"长方体"按钮，在"透视"视图中创建一个长方体，如图 8-6 所示。

图 8-6

**05** 选择长方体，打开"修改"面板，设置长方体的"长度"为 6.2m，"宽度"为 6.694m，"高度"为 3.7m，"长度分段"的值为 3，"宽度分段"的值为 1，"高度分段"的值为 2，如图 8-7 所示。

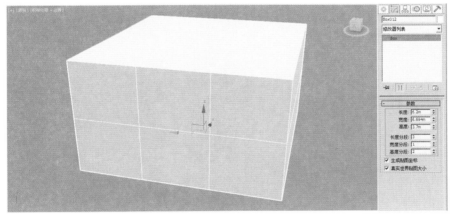

图 8-7

**06** 在"修改器列表"中为长方体选择并添加"编辑多边形"修改器，进入其"顶点"子层级，在"左"视图中调整其顶点位置至图 8-8 所示。

图 8-8

**07** 进入"多边形"子层级,选择图 8-9 所示的面,按下快捷键 Delete,将其删除,如图 8-10 所示。

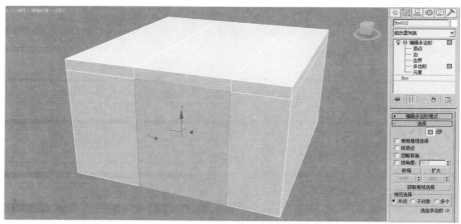

图 8-9

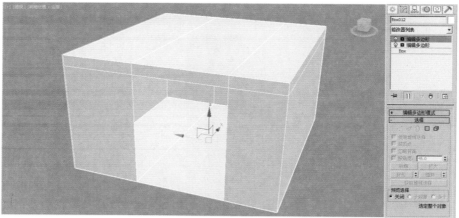

图 8-10

**08** 在"修改器列表"中为长方体选择并添加"壳"修改器,单击展开"参数"卷展栏,设置"内部量"的值为 0.1m,设置"外部量"的值为 0.0m,并勾选"参数"卷展栏最下方的"将角拉直"复选框,如图 8-11 所示。

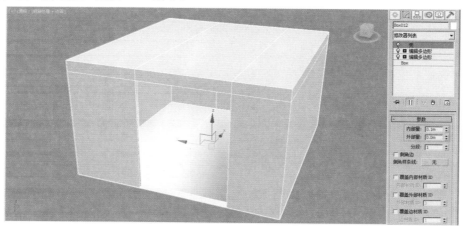

图 8-11

09 在"修改器列表"中为长方体选择并添加"编辑多边形"修改器,进入"顶点"子层级,调整一下墙体的厚度,如图 8-12 所示。

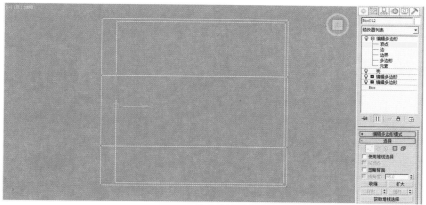

图 8-12

10 在空间模型的内部,选择图 8-13 所示的面,对其进行挤出操作,如图 8-14 所示。

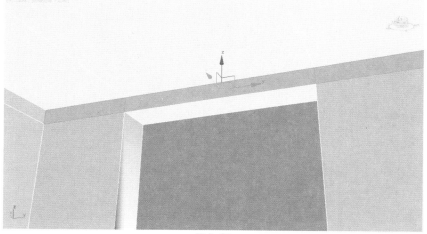

图 8-13

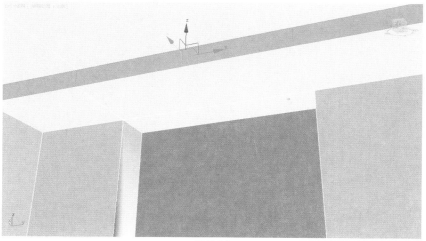

图 8-14

**11** 在"前"视图中，选择图8-15所示的边，单击鼠标右键，在弹出的快捷菜单中选择并执行"连接"命令，在所选择的边上连接出一条线，如图8-16所示。

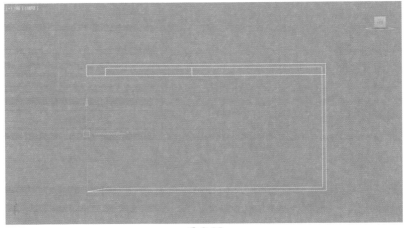

图 8-15

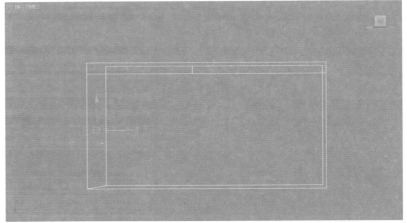

图 8-16

**12** 按下快捷键R，使用"缩放"命令调整模型使得连接出来的边看起来显得水平，如图8-17所示。

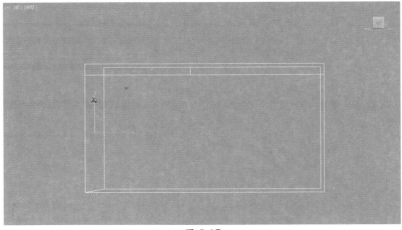

图 8-17

13　按下快捷键 W，调整边的位置至图 8-18 所示。

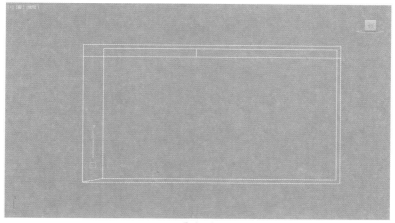

图 8-18

14　单击鼠标右键，在弹出的快捷菜单中选择并执行"切角"命令，设置切角的"数量"值
　　为 0.005m，切角的"分段"值为 2，如图 8-19 所示。

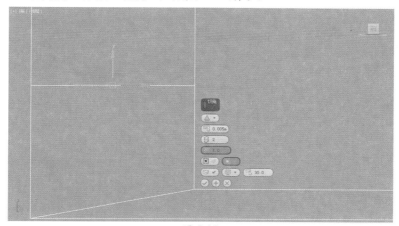

图 8-19

15　在"顶点"层级，调整模型顶点的位置至图 8-20 所示，制作出墙体上的细节部分。

图 8-20

**16** 在"修改器列表"中为长方体选择并添加"平滑"修改器，可以去掉模型表面上的黑色印记，如图 8-21 所示。

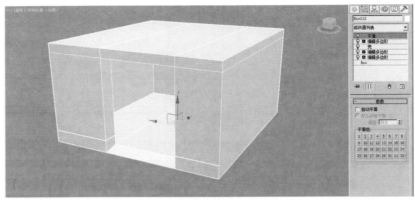

图 8-21

**17** 图 8-22 所示为模型添加"平滑"修改器的前后效果对比。

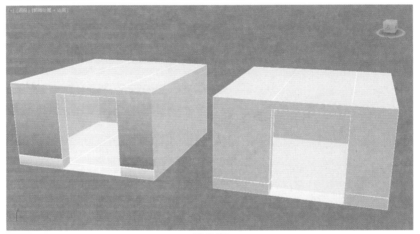

图 8-22

**18** 制作完成的空间效果如图 8-23 所示。

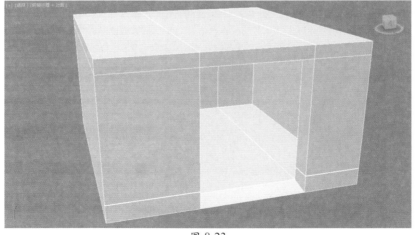

图 8-23

8.2.2 制作地板模型

**01** 将"创建"面板的下拉列表设置为"扩展基本体",单击"切角长方体"按钮,在"顶"视图中创建一个切角长方体,如图 8-24 所示。

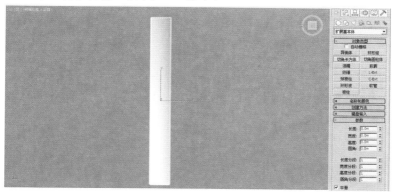

图 8-24

**02** 在"修改"面板中,设置切角长方体的"长度"为 1.73m,"宽度"为 0.2m,"高度"为 0.043m,"圆角"为 0.005m,将"圆角分段"的值更改为 1,并取消勾选"平滑"复选框,用来制作出 1 块地板模型,如图 8-25 所示。

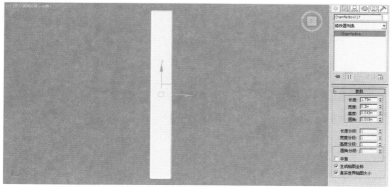

图 8-25

**03** 按下快捷键 Shift,以拖曳的方式复制出 3 块地板,如图 8-26 所示。

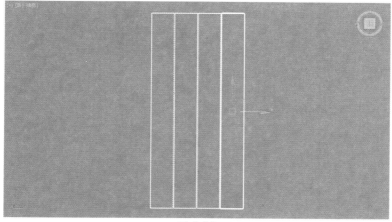

图 8-26

**04** 选择不相邻的两块地板，调整其位置至图 8-27 所示。

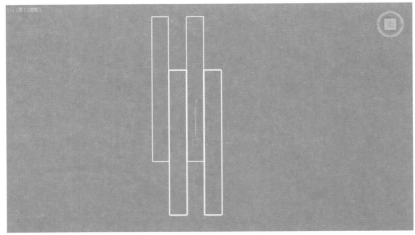

图 8-27

**05** 选择 4 块地板模型，重复以上操作，继续以拖曳的方式多复制几段，如图 8-28 所示。

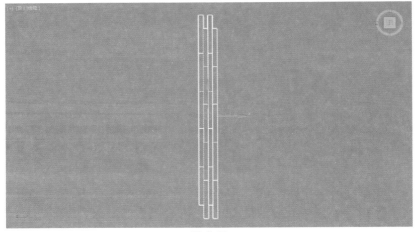

图 8-28

**06** 选择所有的地板模型，在"实用程序"面板中，单击"塌陷"按钮，在展开的"塌陷"卷展栏内单击"塌陷选定对象"按钮，将地板模型合并为一个网格对象，如图 8-29 所示。

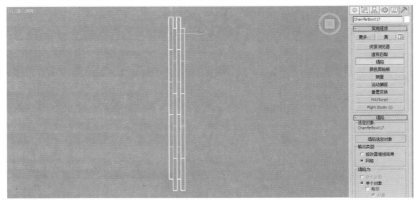

图 8-29

**07** 在"顶"视图中，将制作好的地板模型与之前所做的空间模型合并到一个场景中，并调整位置至图 8-30 所示。

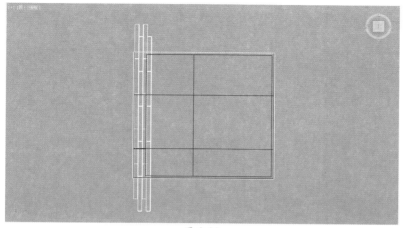

图 8-30

**08** 选择地板模型，在"修改"面板中，进入其"顶点"子层级，调整顶点位置与空间模型相匹配，如图 8-31 所示。

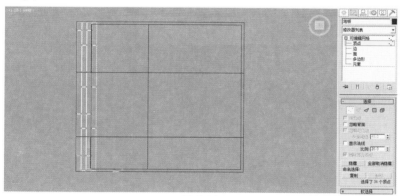

图 8-31

**09** 将视图切换至"前"视图，调整地板的位置至图 8-32 所示，地板的模型就制作完成了。

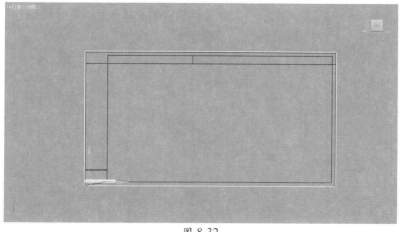

图 8-32

### 8.2.3 制作石头模型

**01** 在"创建"面板中，单击"长方体"按钮，在"创建方法"卷展栏中选择"立方体"，并在"参数"卷展栏内预设"长度分段""宽度分段"和"高度分段"的值均为5，即可在"透视"视图中创建一个立方体模型，如图8-33所示。

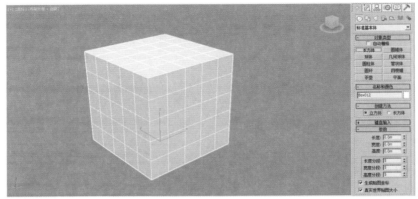

图 8-33

**02** 在"修改"面板中，为长方体模型添加"球形化"修改器，如图8-34所示。

图 8-34

**03** 在"修改"面板中，为长方体模型添加"噪波"修改器，并设置"强度"的 X、Y、Z 值分别为 0.1m，制作出石头表面高低起伏的随机形态，如图8-35所示。

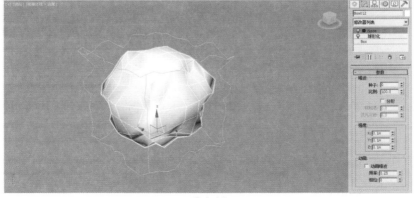

图 8-35

**04** 在"修改"面板中，为长方体模型添加"涡轮平滑"修改器，并设置"迭代次数"的值为5，如图 8-36 所示。

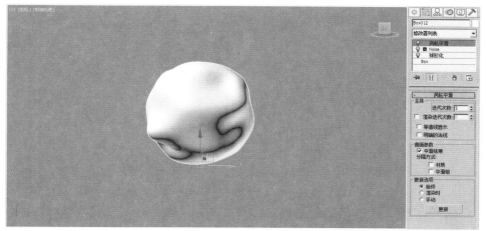

图 8-36

**05** 在"修改"面板中，为长方体模型添加"置换"修改器，在"参数"卷展栏中，单击"图像"组内"贴图"下方的"无"按钮，在弹出的"材质 / 贴图浏览器"中，选择"细胞"贴图，同时，将"贴图"的方式设置为"球形"，如图 8-37 所示。

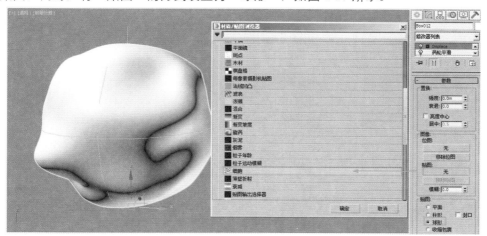

图 8-37

**06** 按下快捷键 M，打开"材质编辑器"面板，将"细胞"材质以"实例"的方式拖曳至空白的材质球上，如图 8-38 所示。

**07** 在"材质编辑器"面板中，单击展开"细胞参数"卷展栏，设置"细胞颜色"为黑色（红：0，绿：0，蓝：0）。在"分界颜色"组内，设置"边界颜色 1"为浅白色（红：232，绿：232，蓝：232），设置"边界颜色 2"为浅灰色（红：119，绿：119，蓝：119）。在"细胞特性"组内，设置"大小"值为 0.7，"扩散"值为 1.0，如图 8-39 所示。

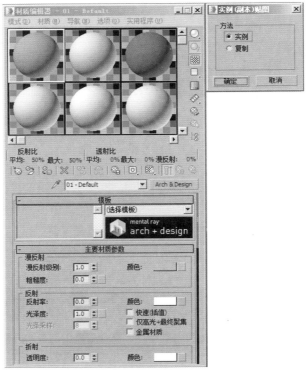

图 8-38

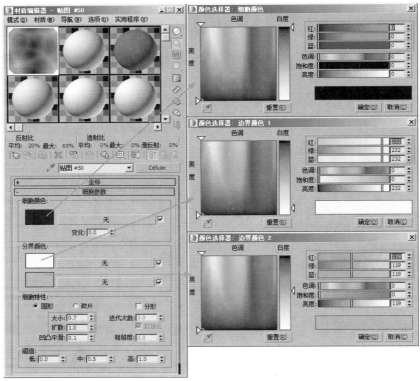

图 8-39

**08** 单击展开"坐标"卷展栏，在"坐标"组内，设置"源"为"显式贴图通道"，设置"偏移"的 U 值为 47.8，设置"偏移"的 W 值为 22.3，如图 8-40 所示。

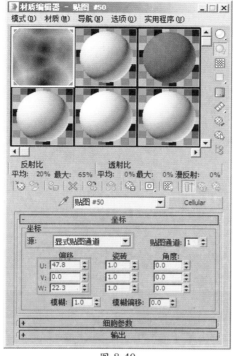

图 8-40

**09** 在"修改"面板中，设置"置换"的"强度"为 0.419m，即可设置石头的大致轮廓，如图 8-41 所示。

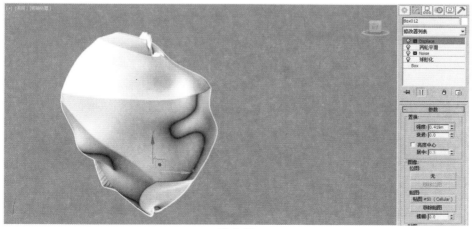

图 8-41

**10** 在"修改"面板中，为长方体模型再次添加一个"噪波"修改器，并设置"强度"的 X、Y、Z 值分别为 0.1m，在"噪波"组内，设置"比例"的值为 500，并勾选"分形"复选项，设置"粗糙度"的值为 0.1，设置"迭代次数"的值为 10.0，完成石头表面的细节凹凸效果，如图 8-42 所示。

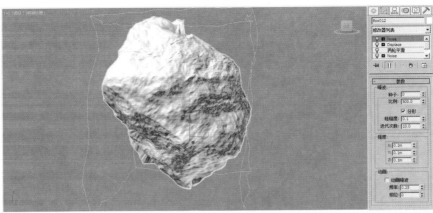

图 8-42

**11** 到这里，石头的模型就制作完成了，最终效果如图 8-43 所示。

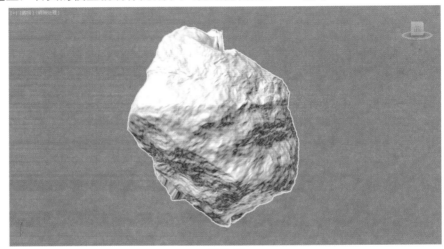

图 8-43

**12** 使用类似的方法，还可以制作出条石等其他形状各异的石头模型，如图 8-44 所示。

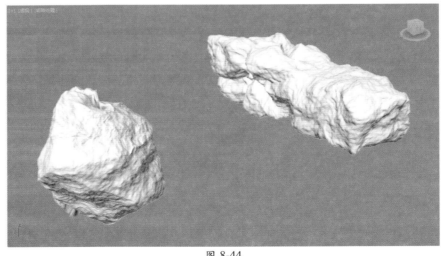

图 8-44

### 8.2.4 制作玻璃幕墙

**01** 在"创建"面板中,单击"长方体"按钮,在场景中创建一个长方体模型,如图 8-45 所示。

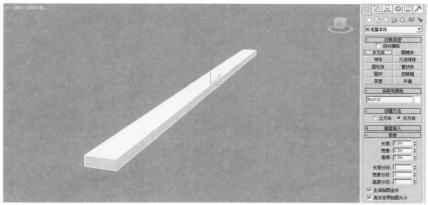

图 8-45

**02** 在"修改"面板中,设置长方体的"长度"为 6.176m,"宽度"为 0.254m,"高度"为 0.085m,如图 8-46 所示。

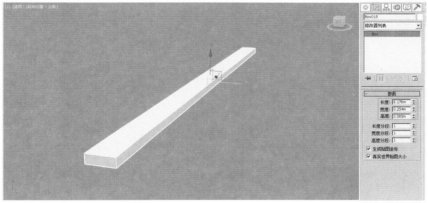

图 8-46

**03** 为长方体添加"编辑多边形"修改器,进入其"边"子层级,选择图 8-47 所示的边,单击鼠标右键,选择并执行"连接"命令,在所选择的边上连接一条线,如图 8-48 所示。

图 8-47

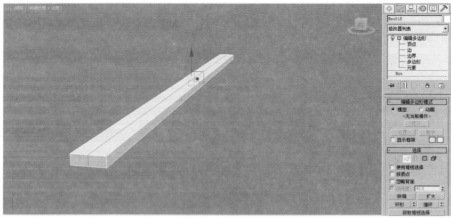

图 8-48

**04** 进入"多边形"子层级,选择图 8-49 所示的面,单击鼠标右键,选择并执行"挤出"命令,对面进行挤出操作,如图 8-50 所示。

图 8-49

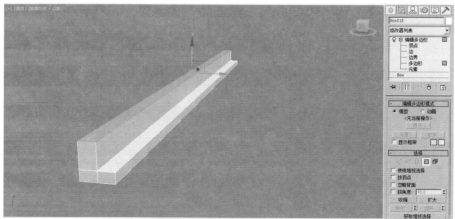

图 8-50

**05** 进入"边"子层级,选择图 8-51 所示的边,单击鼠标右键,在弹出的快捷菜单内选择并执行"切角"命令,如图 8-52 所示,制作出玻璃幕墙底部模型的细节。

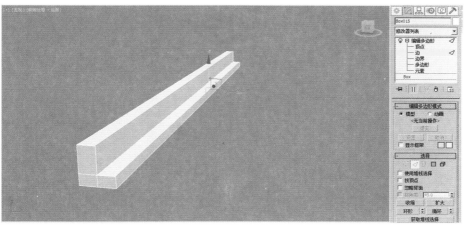

图 8-51

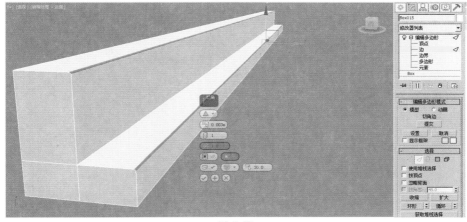

图 8-52

06 在"左"视图，单击"创建"面板中的"平面"按钮，绘制一个平面模型，如图 8-53 所示。

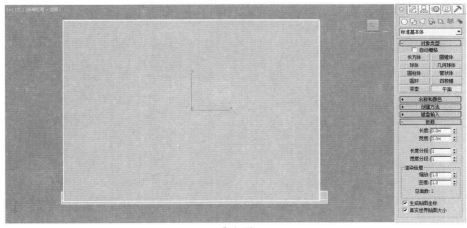

图 8-53

07 在"修改"面板中，设置平面的"长度分段"值为 20，"宽度分段"的值为 27，如图 8-54 所示。

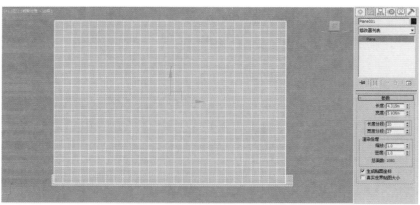

图 8-54

08 在"修改器列表"中为平面模型添加一个"晶格"修改器，在其"参数"卷展栏中，设置"几何体"组内的单选框为"仅来自边的支柱"，设置"支柱"组内的"半径"值为 0.015m，"边数"的值为 6，如图 8-55 所示。

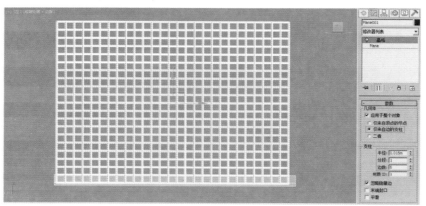

图 8-55

09 接下来，在场景中多次创建长方体，制作出玻璃及玻璃幕墙的边柱，即可完成整个玻璃幕墙模型的创建，最终模型结果如图 8-56 所示。

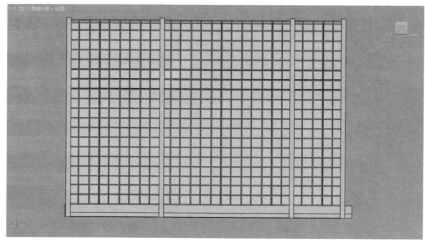

图 8-56

## 8.3 制作材质

本案例的主要材质包括地板材质、白沙材质、玻璃材质、叶片材质、石头材质等。

### 8.3.1 制作地板材质

本例中所表现出来的地板材质效果如图 8-57 所示。

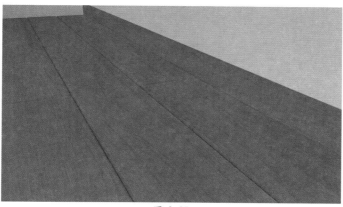

图 8-57

**01** 打开"材质编辑器"对话框，选择一个空白的材质球，设置为 VRayMtl 材质，将其重命名为"地板"，如图 8-58 所示。

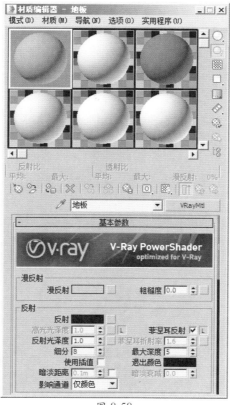

图 8-58

**02** 调整"漫反射"的颜色为棕色（红：24，绿：15，蓝：15），并在"漫反射"的贴图通道上加载一张"archinteriors16_1_drewno mask.jpg"贴图文件，并取消勾选"使用真实世界比例"复选框，如图 8-59 所示。

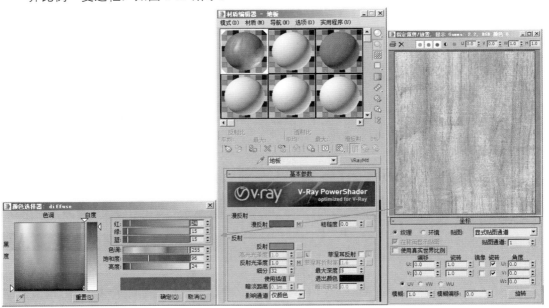

图 8-59

**03** 单击展开"材质编辑器"面板中的"贴图"卷展栏，设置"漫反射"的数值为 18，如图 8-60 所示。

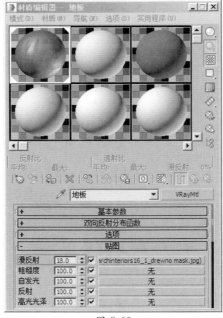

图 8-60

**04** 在"基本参数"卷展栏内，设置"反射"的颜色为灰色（红：52，绿：52，蓝：52），并将"漫反射"贴图通道中的贴图拖曳至"反射光泽度"的贴图通道上，设置反射的"细分"值为 32,提高反射的计算精度,如图 8-61 所示。

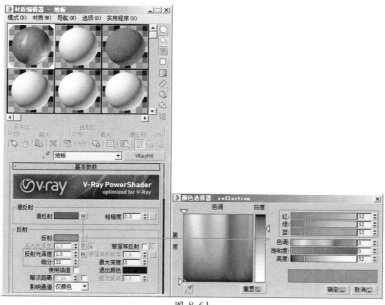

图 8-61

05 在"贴图"卷展栏内,将"反射光泽度"贴图通道中的贴图以拖曳的方式复制到其"凹凸"贴图通道上,并调整"凹凸"的强度为 30,制作出地板的凹凸效果,如图 8-62 所示。

06 制作完成的地板材质球效果如图 8-63 所示。

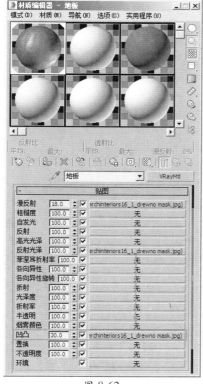

图 8-62

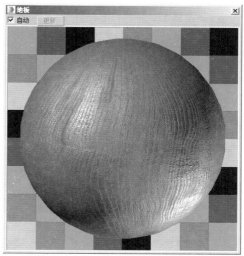

图 8-63

### 8.3.2　制作白沙材质

本例中所表现出来的白色沙石材质效果如图 8-64
所示。

图 8-64

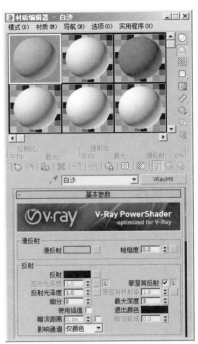

图 8-65

**01** 打开"材质编辑器"对话框，选择一个空白的材质
球设置为 VRayMtl 材质，将其重命名为"白沙"，
如图 8-65 所示。

**02** 在"漫反射"的贴图通道上加载一张"沙石 .jpg"贴图文件，如图 8-66 所示。

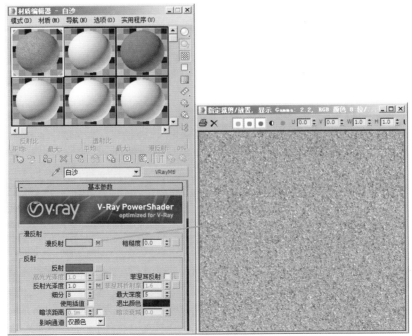

图 8-66

**03** 在"基本参数"卷展栏内，设置"反射"的颜色为灰色（红：18，绿：18，蓝：18），并将"漫
反射"贴图通道内的贴图拖曳至"反射光泽度"的贴图通道上，如图 8-67 所示。

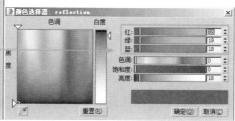

图 8-67

**04** 单击展开"贴图"卷展栏，将"反射光泽度"的贴图通道上的贴图拖曳至"置换"的贴图通道上，并设置"置换"的强度值为 3，如图 8-68 所示。

**05** 制作完成的地板材质球效果如图 8-69 所示。

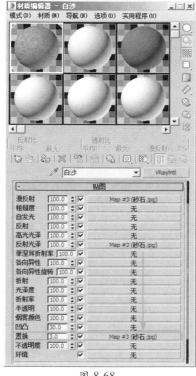

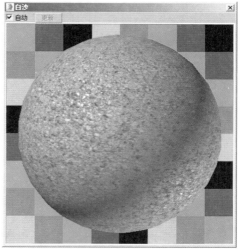

图 8-68　　　　　　　　　　　　　　　　图 8-69

### 8.3.3 制作玻璃材质

本例中所表现出来的玻璃材质效果如图 8-70 所示。

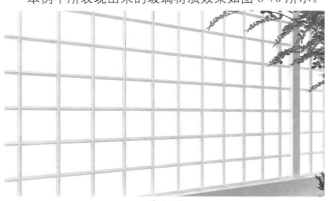

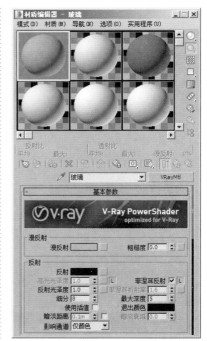

图 8-70

**01** 打开"材质编辑器"对话框，选择一个空白的材质球设置为 VRayMtl 材质，将其重命名为"玻璃"，如图 8-71 所示。

图 8-71

**02** 在"漫反射"组中，调整"漫反射"的颜色为白色（红：255，绿：255，蓝：255）；在"反射"组中，设置"反射"的颜色为灰色（红：2，绿：2，蓝：2），取消勾选"菲涅耳反射"复选框，并设置"细分"的值为 16，如图 8-72 所示。

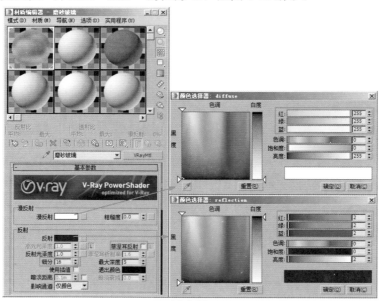

图 8-72

**03** 在"折射"组中，调整折射的颜色为白色（红：228，绿：228，蓝：228），设置"光泽度"的值为 0.7，设置"细分"的值为 32，如图 8-73 所示。

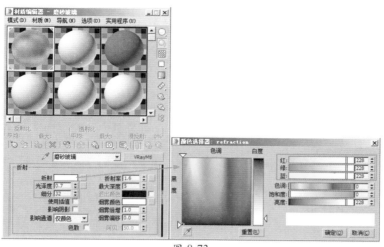

图 8-73

**04** 调试完成后的玻璃材质球效果如图 8-74 所示。

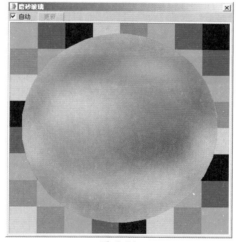

图 8-74

### 8.3.4　制作叶片材质

本例中所表现出来的植物叶片材质效果如图 8-75 所示。

图 8-75

01 打开"材质编辑器"对话框，选择一个空白的材质球，设置为 VRayMtl 材质，将其重命名为"叶片"，如图 8-76 所示。

02 在"漫反射"的贴图通道上加载一张"Archmodels66_leaf_33.jpg"贴图文件，并取消勾选"使用真实世界比例"复选项，如图 8-77 所示。

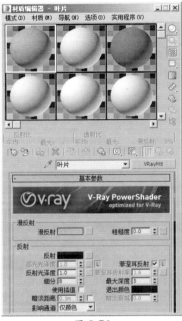
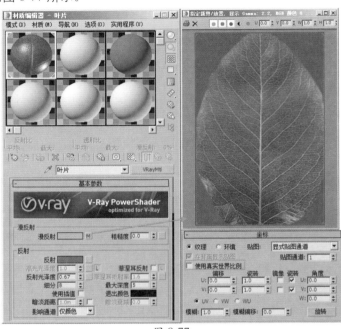

图 8-76　　　　　　　　　　　图 8-77

03 在"反射"组中，调整"反射"的颜色为灰色（红：25，绿：25，蓝：25），取消勾选"菲涅耳反射"复选项，并设置"反射光泽度"的值为 0.67，如图 8-78 所示。

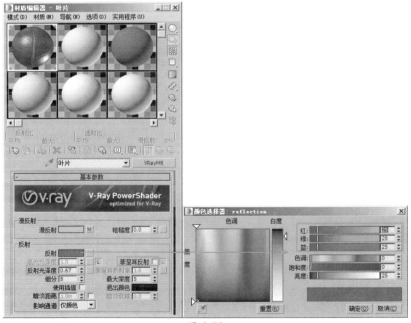

图 8-78

**04** 在"折射"组中，调整"折射"的颜色为灰色（红：20，绿：20，蓝：20），并设置"光泽度"的值为0.2，制作出叶片的半透光效果，如图8-79所示。

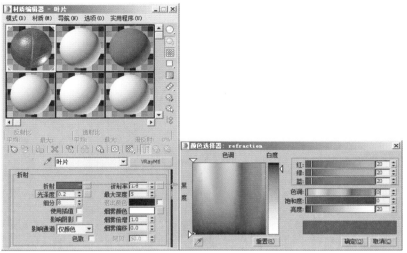

图 8-79

**05** 在"材质编辑器"中，单击展开"贴图"卷展栏，在"凹凸"的贴图通道上加载一张"Archmodels66_leaf_33_bump.jpg"贴图文件，并设置"凹凸"的强度为80，制作出叶片表面的凹凸纹理，如图8-80所示。

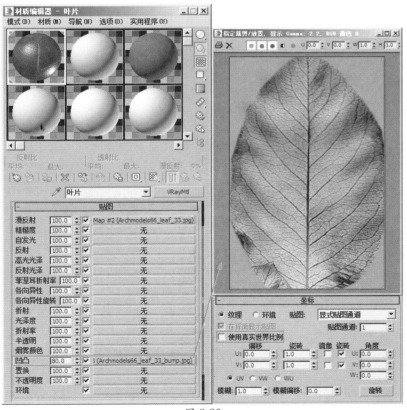

图 8-80

**06** 调试完成后的植物叶片材质球效果如图 8-81 所示。

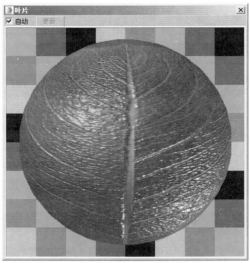

图 8-81

### 8.3.5 制作石头材质

本例中所表现出来的石头材质效果如图 8-82 所示。

图 8-82

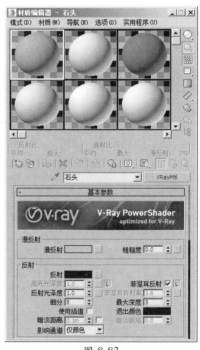

图 8-83

**01** 打开"材质编辑器"对话框,选择一个空白的材质球设置为 VRayMtl 材质,将其重命名为"石头",如图 8-83 所示。

**02** 在"漫反射"的贴图通道上加载一张"iAlpine-Rock_01.jpg"贴图文件,并取消勾选"使用真实世界比例"复选项,如图 8-84 所示。

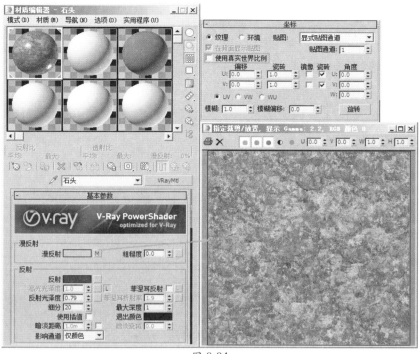

图 8-84

**03** 在"反射"组中,调整"反射"的颜色为深灰色(红:7,绿:7,蓝:7),取消勾选"菲涅耳反射"复选项,并设置"反射光泽度"的值为 0.79,设置"细分"的值为 20,制作出石头材质的高光效果及反射效果,如图 8-85 所示。

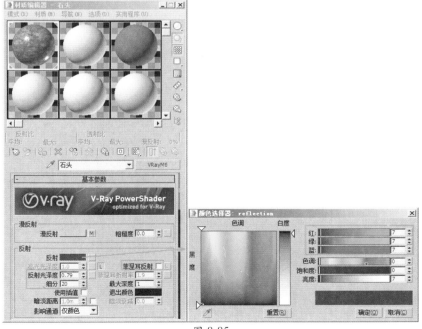

图 8-85

**04** 在"材质编辑器"中，单击展开"贴图"卷展栏，在"凹凸"的贴图通道上加载一张"iAlpine-Rock_13.jpg"贴图文件，并设置"凹凸"的强度为30，制作出石块表面的凹凸纹理，如图8-86所示。

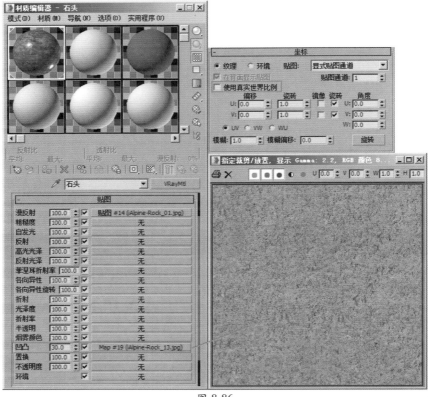

图 8-86

**05** 调试完成后的石头材质球效果如图8-87所示。

图 8-87

## 8.4　制作灯光及摄影机

本案例为办公空间中的景观表现，阳光透过半透明的玻璃幕墙照射进来，所以空间所要表现的光线明亮而不刺眼，场景中物体的阴影柔和而不明显。下面来详细讲解本场景中的灯光设置及摄影机设置方法。

### 8.4.1　制作灯光

**01** 打开场景文件，将视图设置为"前"视图。在创建"灯光"面板中，将下拉列表切换至 VRay，单击"VR-太阳"按钮 VR-太阳 ，在场景中创建一个"VR-太阳"灯光，灯光的位置如图 8-88 所示。

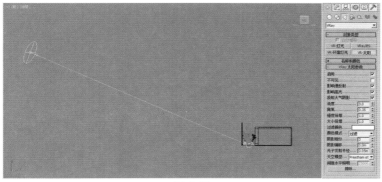

图 8-88

**02** 创建"VR-太阳"灯光时，系统会自动弹出"VRay 太阳"对话框，询问"你想自动添加一张 VR 天空环境贴图吗？"，单击"是"按钮 是(Y) ，完成环境贴图的创建，如图 8-89 所示。

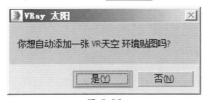

图 8-89

**03** 按下快捷键 T，将视图切换为"顶"视图。调整"VR-太阳"灯光的位置如图 8-90 所示，完成本案例的灯光设置。

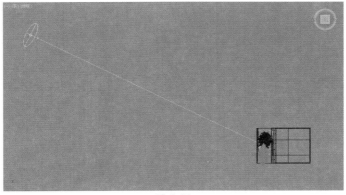

图 8-90

### 8.4.2　制作摄影机

**01** 在创建"摄影机"面板中，将下拉列表切换至 VRay，单击"VR- 物理摄影机"按钮，在 "顶"视图中创建一个带有目标点的 VR- 物理摄影机，如图 8-91 所示。

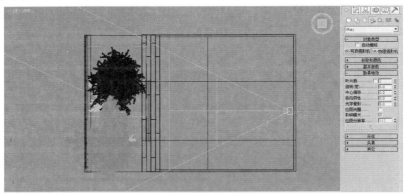

图 8-91

**02** 按下快捷键 F，在"前"视图中，调整摄影机的位置，如图 8-92 所示。

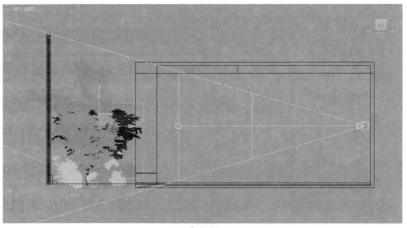

图 8-92

**03** 按下快捷键 C，进入"摄影机"视图，在"修改"面板中，调整摄影机的"胶片规格（mm）" 的值为 41.212，如图 8-93 所示，完成摄影机的创建。

图 8-93

## 8.5 渲染输出

### 8.5.1 渲染设置

接下来，我们开始进行"渲染设置"面板的参数调整。

**01** 按快捷键F10，打开"渲染设置"面板，本场景中的渲染器已经设置为VRay渲染器，如图8-94所示。

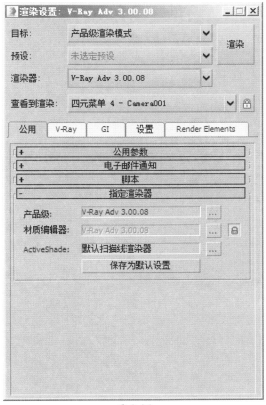

图 8-94

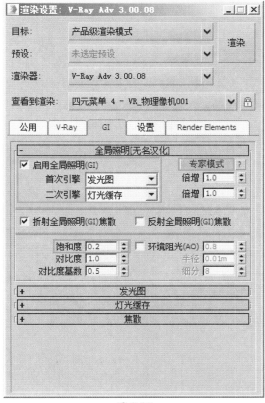

图 8-95

**02** 在GI选项卡内，单击展开"全局照明"卷展栏，在"专家模式"中，勾选"启用全局照明（GI）"复选项，并设置"首次引擎"为"发光图"，"二次引擎"为"灯光缓存"，设置"饱和度"的值为0.2，如图8-95所示。

**03** 单击展开"发光图"卷展栏，在"基本模式"中，设置"当前预设"为"自定义"选项，设置"最小速率"的值为-2，设置"最大速率"的值为-2，如图8-96所示。

图 8-96

**04** 单击展开"灯光缓存"卷展栏，在"基本模式"中，设置"细分"的值为1500，如图8-97所示。

图 8-97

**05** 在 V-Ray 选项卡内，单击展开"图像采样器（抗锯齿）"卷展栏，设置"过滤器"为 Catmull-Rom，以得到更加清晰的图

像渲染效果，如图 8-98 所示。

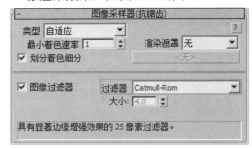

图 8-98

**06** 设置完成后，渲染场景，渲染结果如图 8-99 所示。

图 8-99

**07** 从渲染图像上可以看到，现在的场景中光线较为昏暗。由于本案例使用了"VR- 物理摄影机"，所以可以通过控制 VR- 物理摄影机的参数来调整图像的明亮程度。选择场景中的 VR- 物理摄影机，在"修改"面板中，取消勾选"光晕"复选框，设置"自定义平衡"的颜色为白色（红：255，绿：255，蓝：255），设置"快门速度（S ^ -1）"值为100，如图 8-100 所示。

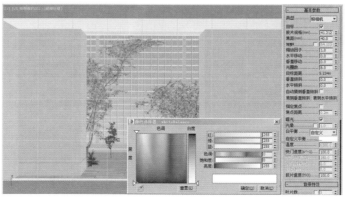

图 8-100

**08** 设置完成后，按下快捷组合键 Shift+Q，渲染"摄影机"视图，渲染结果如图 8-101 所示，图像看起来明亮了许多。

图 8-101

**09** 接下来设置场景的最终渲染参数。在"渲染设置"面板的 VRay 选项卡中，单击展开"图像采样器（抗锯齿）"卷展栏，将"类型"设置为"自适应"，如图 8-102 所示。

图 8-102

**10** 单击展开"自适应图像采样器"卷展栏，设置"最小细分"的值为 1，设置"最大细分"的值为 8，如图 8-103 所示。

图 8-103

**11** 单击展开"全局确定性蒙特卡洛"卷展栏，设置"自适应数量"的值为 0.65，

设置"全局细分倍增"的值为 3.0，如图 8-104 所示。

图 8-104

**12** 单击展开"帧缓冲区"卷展栏，勾选"启用内置帧缓冲区"选项，如图 8-105 所示。

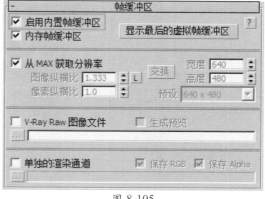

图 8-105

**13** 在"公用"选项卡中，设置最终图像渲染的尺寸，在"输出大小"组内，将"宽度"调整为 1500，将"高度"调整为 900，如图 8-106 所示。

图 8-106

14 设置完成后，渲染场景，渲染结果如图 8-107 所示。

图 8-107

### 8.5.2 后期调整

01 单击 V-Ray 帧缓冲器下方的 Show corrections control（显示校正控制）按钮，打开 Color corrections（色彩校正）面板，如图 8-108 所示。

图 8-108

**02** 在 Color corrections（色彩校正）面板中，勾选 Curve（曲线）复选项，并调整曲线至图 8-109 所示，提高渲染图像的明亮程度。

图 8-109

**03** 设置完成后，图像的最终调整效果如图 8-110 所示。

图 8-110

# 第 9 章

北欧简约客厅效果表现

## 9.1 项目分析

当今，现代北欧设计正以其独特的表现风格使之备受人们关注，通过简化设计并注重家具的功能性解决了人们生理及心理上的需要，并在此基础上还体现出了生态设计、环保设计及可持续利用设计等设计理念。本案例就是一个北欧风格的客厅效果设计，室内空间看起来简洁、明快，墙壁色调简单，基本上不需要复杂的图案装饰。家具的采用上也选择简单、功能化并且贴近自然的设计产品。图 9-1 所示为本案例的渲染效果表现图；图 9-2 所示为本案例的线框渲染图。

图 9-1

图 9-2

## 9.2　模型检查

在对模型进行材质赋予及灯光设置之前，先检查一下场景模型是很有必要的。模型检查时，场景内不需要添加灯光，通过对场景文件进行简单的渲染设置，可以检测模型是否有重面、破面及漏光等现象。下面，就来详细讲解一下模型检查的主要步骤。

**01** 启动 3ds Max 软件，打开本案例场景文件，如图 9-3 所示。

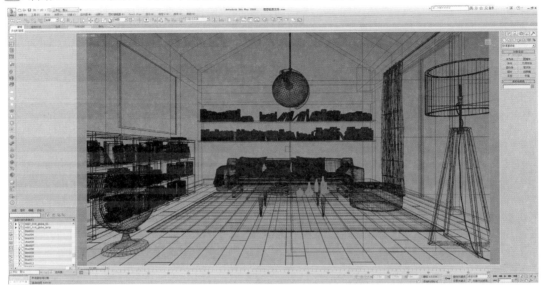

图 9-3

**02** 按下快捷键 M，打开"材质编辑器"面板，选择一个空白材质球，并将其设置为 VRayMtl 材质，如图 9-4 所示。

**03** 将"漫反射"的颜色设置为白色（红：252，绿：252，蓝：252），如图 9-5 所示。

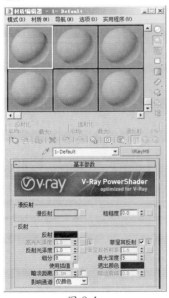

图 9-4

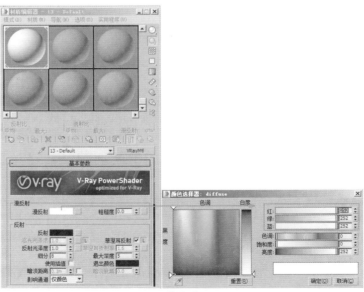

图 9-5

**04** 单击"主工具栏"上的"渲染设置"按钮 📷，打开"渲染设置"面板，将渲染器设置为 VRay 渲染器，如图 9-6 所示。

**05** 在 V-Ray 选项卡中，单击展开"全局开关"卷展栏，勾选"覆盖材质"复选项，并将之前调好的白色材质球拖曳至"覆盖材质"下方的按钮上，如图 9-7 所示。

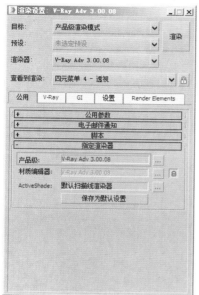

图 9-6

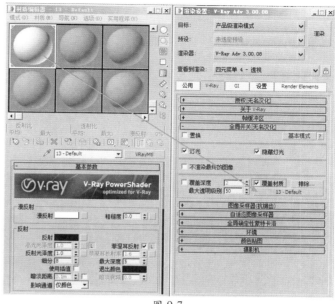

图 9-7

**06** 在 GI 选项卡内，单击展开"全局照明"卷展栏，在"高级模式"中，勾选"启用全局照明（GI）"复选项，并设置"首次引擎"为"发光图"，"二次引擎"为"灯光缓存"，设置"饱和度"的值为 0.2，如图 9-8 所示。

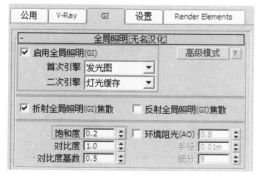

图 9-8

**07** 单击展开"发光图"卷展栏，在"基本模式"中，设置"当前预设"为"自定义"选项，设置"最小速率"的值为 -2，设置"最大速率"的值为 -2，如图 9-9 所示。

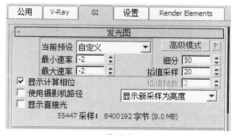

图 9-9

**08** 在 V-Ray 选项卡内，单击展开"图像采样器（抗锯齿）"卷展栏，设置"过滤器"为 Catmull-Rom，以得到更加清晰的图像渲染效果，如图 9-10 所示。

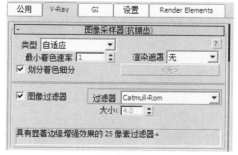

图 9-10

**09** 单击展开"环境"卷展栏,勾选"全局照明(GI)环境"复选项,并设置"颜色"的强度为5.0,如图9-11所示。

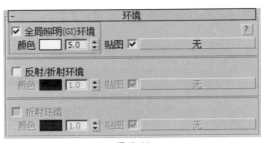

图 9-11

**10** 在"透视"视图,将当前场景中的窗户模型选中,并单击鼠标右键,选择并执行"隐藏选定对象"命令,如图9-12所示。

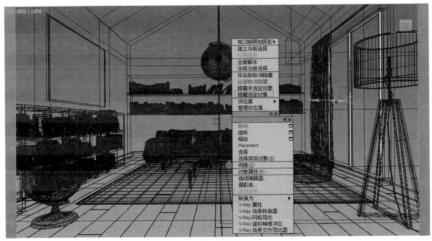

图 9-12

**11** 设置完成后,渲染当前场景,即可通过白模渲染来检查场景中的模型,渲染结果如图9-13所示。

图 9-13

## 9.3　制作材质

　　本案例的主要材质包括地板材质、地毯材质、木桌材质、沙发材质、窗帘材质、玻璃窗材质、玻璃吊灯材质及室外环境材质等。

### 9.3.1　制作地板材质

　　本例中所表现出来的地板材质效果如图 9-14 所示。

图 9-14

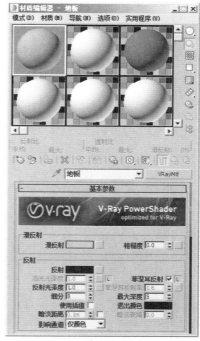

图 9-15

**01** 打开"材质编辑器"对话框，选择一个空白的材质球，设置为 VRayMtl 材质，将其重命名为"地板"，如图 9-15 所示。

**02** 在"材质编辑器"面板中的"基本参数"卷展栏内，在"漫反射"的贴图通道上加载一张"AI29_03_table_001_diffuse.jpg"贴图文件，并取消勾选"使用真实世界比例"复选项，如图 9-16 所示。

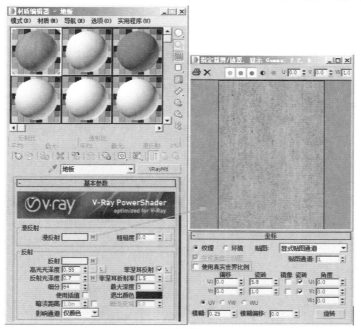

图 9-16

**03** 设置"反射"的颜色为灰色（红：170，绿：170，蓝：170），并将"漫反射"贴图通道中的贴图拖曳至"反射"的贴图通道上，调整"高光光泽度"的值为0.55，调整"反射光泽度"的值为0.7，并在"反射光泽度"的贴图通道上加载一张"AI29_05_wood1_dirt2.png"贴图文件，设置反射的"细分"值为64，提高反射的计算精度，如图9-17所示。

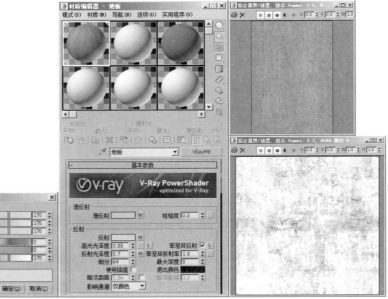

图 9-17

**04** 单击展开"材质编辑器"面板中的"贴图"卷展栏，设置"反射"的数值为30，如图9-18所示。

**05** 制作完成的地板材质球效果如图9-19所示。

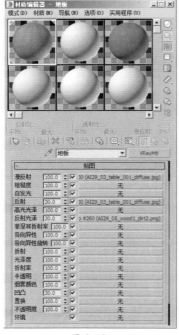

图 9-18

图 9-19

## 9.3.2　制作地毯材质

本例中所表现出来的地毯材质效果如图 9-20 所示。

图 9-20

图 9-21

**01** 打开"材质编辑器"对话框，选择一个空白的材质球，设置为 VRayMtl 材质，将其重命名为"地毯"，如图 9-21 所示。

**02** 在"材质编辑器"面板中的"基本参数"卷展栏内，在"漫反射"的贴图通道上加载一张"AI29_03_carpet_02_diffuse.jpg"贴图文件，并取消勾选"使用真实世界比例"复选项，如图 9-22 所示。

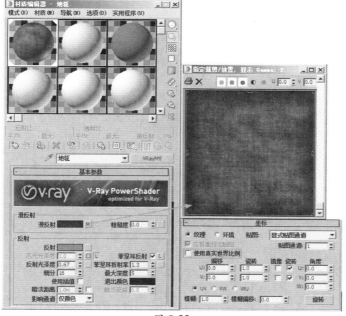

图 9-22

**03** 在"基本参数"卷展栏内的"反射"组内，在"反射"的贴图通道上添加"衰减"贴图，设置"反射光泽度"的值为 0.67，设置"细分"的值为 16。在"衰减参数"卷展栏内，设置"前：侧"组内的"颜色1"为黑色（红：0，绿：0，蓝：0），设置"颜色2"为灰色（红：27，绿：27，蓝：27），设置"衰减类型"为Fresnel，设置"衰减方向"为"查看方向（摄影机Z轴）"，如图9-23所示。

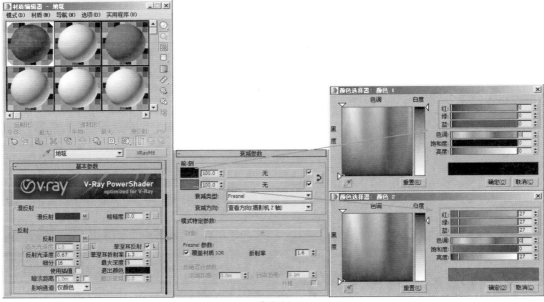

图 9-23

04 单击展开"贴图"卷展栏，在"凹凸"贴图通道上加载一张"AI29_03_carpet_02_bump.jpg"贴图文件，并设置"凹凸"的强度为10，如图9-24所示。

05 制作完成的地毯材质球效果如图9-25所示。

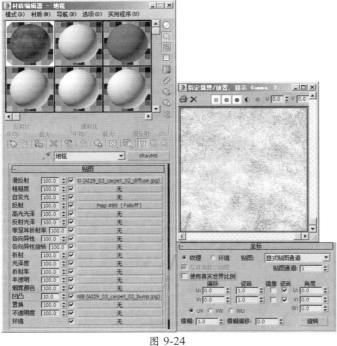
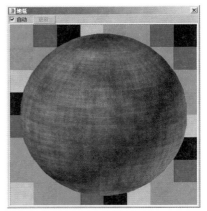

图 9-24                                    图 9-25

### 9.3.3　制作木桌材质

本例中所表现出来的木桌材质效果如图 9-26 所示。

图 9-26

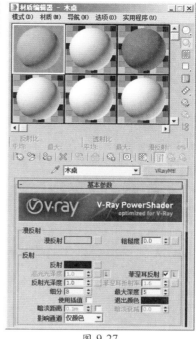

图 9-27

**01** 打开"材质编辑器"对话框，选择一个空白的材质球，设置为 VRayMtl 材质，将其重命名为"木桌"，如图 9-27 所示。

**02** 在"材质编辑器"面板中的"基本参数"卷展栏内，调整"漫反射"的颜色为黄色（红：96，绿：76，蓝：34），在"漫反射"的贴图通道上加载一张"AI29_05_wood_03.png"贴图文件，并取消勾选"使用真实世界比例"复选项，如图 9-28 所示。

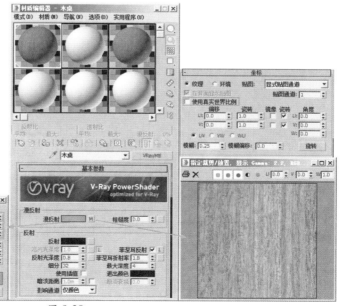

图 9-28

**03** 在"反射"组中，调整"反射"的颜色为白色（红：250，绿：250，蓝：250），并将"漫

反射"贴图通道的贴图拖曳至"反射"的贴图通道上,调整"反射光泽度"的值为0.8,
调整"细分"的值为32,如图9-29所示。

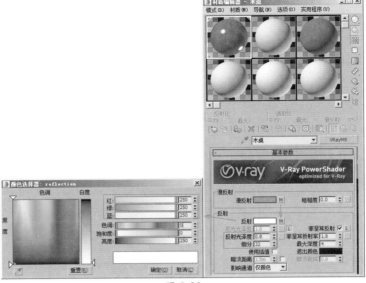

图 9-29

04 单击展开"贴图"卷展栏,调整"漫反射"的值为73,调整"反射"的值为33,在"凹
凸"贴图通道上加载一张"AI29_05_wood_01_reflect.png"贴图文件,并设置"凹凸"的
强度为15,如图9-30所示。

05 制作完成的木桌材质球效果如图9-31所示。

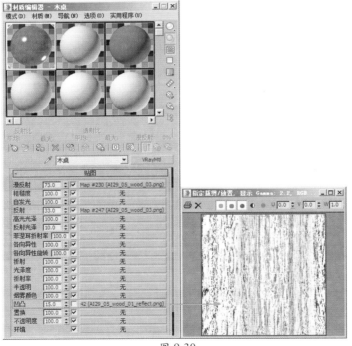

图 9-30

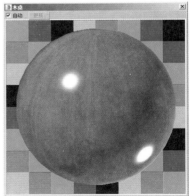

图 9-31

### 9.3.4 制作沙发材质

本例中所表现出来的沙发材质效果如图 9-32 所示。

图 9-32

**01** 打开"材质编辑器"对话框，选择一个空白的材质球，设置为 VRayMtl 材质，将其重命名为"沙发"，如图 9-33 所示。

图 9-33

**02** 在"材质编辑器"面板中的"基本参数"卷展栏内，在"漫反射"的贴图通道上加载"衰减"程序贴图。在"衰减参数"卷展栏内，设置"前：侧"组内的"颜色 1"为灰色（红：32，绿：32，蓝：32），并在其贴图通道内添加一张"AI37_002_fabric_refract. jpg"贴图文件；设置"颜色 2"为白色（红：255，绿：255，蓝：255），并在其贴图通道内也添加同样的一张"AI37_002_fabric_refract.jpg"贴图文件。设置完成后，将"颜色 1"和"颜色 2"的值均设置为 33，如图 9-34 所示。

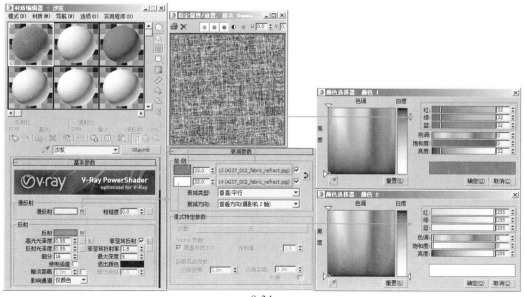

9-34

**03** 在"反射"组中,将"反射"的颜色设置为灰色(红:50,绿:50,蓝:50),在"反射"的贴图通道上加载一张"AI37_002_carpet_height.jpg"贴图文件,调整"高光光泽度"的值为0.55,调整"反射光泽度"的值为0.55,调整"细分"的值为16,如图9-35所示。

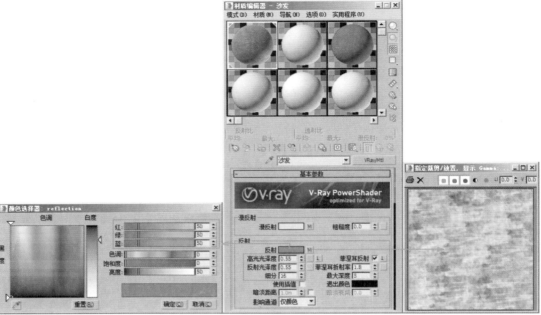

图 9-35

**04** 单击展开"贴图"卷展栏,设置"反射"的值为50。在"凹凸"的贴图通道上加载一张"AI37_002_wrinkles.jpg"贴图文件,并设置"凹凸"的强度为33,如图9-36所示。

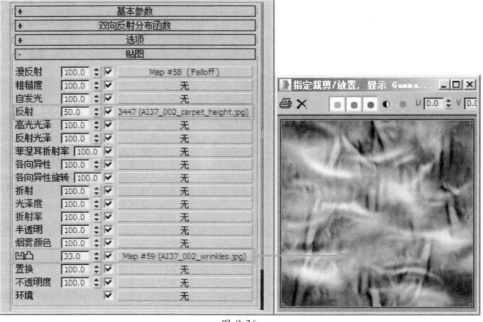

图 9-36

05 制作完成的沙发材质球效果如图 9-37 所示。

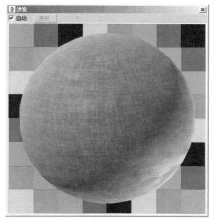

图 9-37

### 9.3.5　制作窗帘材质

本例中所表现出来的窗帘材质效果如图 9-38 所示。

图 9-38

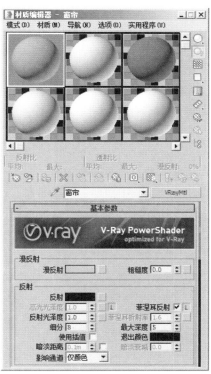

01 打开"材质编辑器"对话框，选择一个空白的材
质球，设置为 VRayMtl 材质，将其重命名为"窗帘"，
如图 9-39 所示。

图 9-39

02 将"漫反射"的颜色设置为浅黄色（红：250，绿：242，蓝：230），将"反射"的颜色
设置为灰色（红：128，绿：128，蓝：128），设置"反射光泽度"的值为 0.65，设置"反
射"的"细分"的值为 16，如图 9-40 所示。

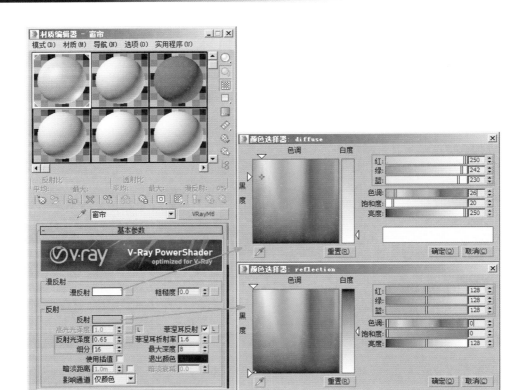

图 9-40

**03** 在"折射"组中，在"折射"的贴图通道上添加"衰减"程序贴图。设置"前：侧"组内的"颜色 1"为浅灰色（红：66，绿：66，蓝：66），设置"颜色 2"为黑色（红：0，绿：0，蓝：0）。设置"光泽度"的值为 0.98，设置"折射率"的值为 1.1，并勾选"影响阴影"复选项，如图 9-41 所示。

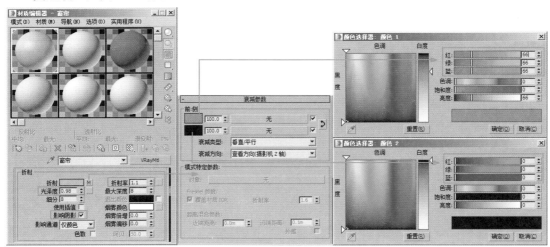

图 9-41

**04** 制作完成的沙发材质球效果如图 9-42 所示。

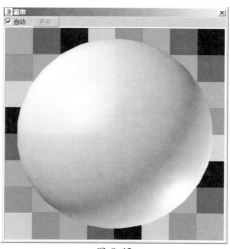

图 9-42

### 9.3.6 制作玻璃窗材质

本例中所表现出来的玻璃窗材质效果如图 9-43 所示。

图 9-43

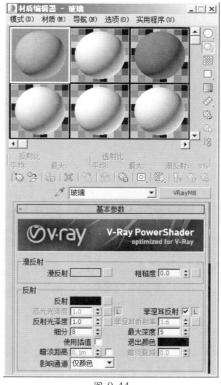

图 9-44

**01** 打开"材质编辑器"对话框，选择一个空白的材质球，设置为 VRayMtl 材质，将其重命名为"玻璃"，如图 9-44 所示。

**02** 设置"漫反射"的颜色为白色（红：253，绿：253，蓝：253），设置"反射"的颜色为浅灰色（红：37，绿：37，蓝：37），设置"折射"的颜色为白色（红：255，绿：255，蓝：255），并勾选"影响阴影"复选项，如图 9-45 所示。

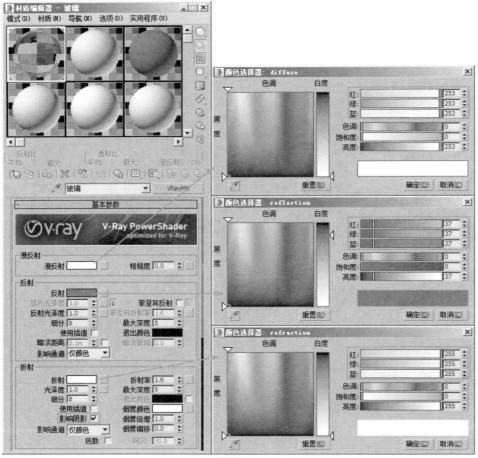

图 9-45

**03** 制作完成的玻璃材质球效果如图 9-46 所示。

图 9-46

### 9.3.7 制作吊灯玻璃材质

本例中所表现出来的吊灯玻璃材质效果如图 9-47 所示。

图 9-47

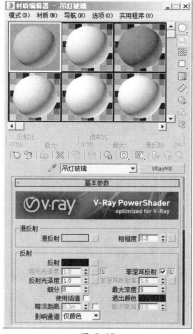

图 9-48

**01** 打开"材质编辑器"对话框，选择一个空白的材质球，设置为 VRayMtl 材质，将其重命名为"吊灯玻璃"，如图 9-48 所示。

**02** 设置"漫反射"的颜色为墨绿色（红：15，绿：16，蓝：16），设置"反射"的颜色为白色（红：255，绿：255，蓝：255），设置"高光光泽度"的值为 0.85，"反射光泽度"的值为 1.0，"细分"的值为 8，如图 9-49 所示。

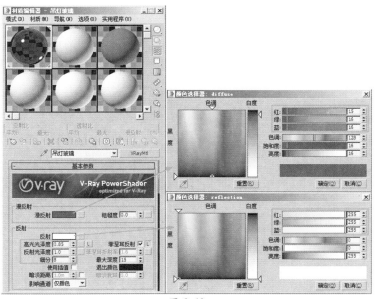

图 9-49

**03** 在"折射"组内，调整"折射"的颜色为白色（红：254，绿：254，蓝：254），设置"光泽度"的值为 0.99，设置"折射率"的值为 1.65，设置"最大深度"的值为 15。调整"烟雾颜色"的颜色为绿色（红：68，绿：150，蓝：126），设置"烟雾倍增"的值为0.1，设置"烟雾偏移"的值为-0.5，并勾选"影响阴影"复选项，如图9-50所示。

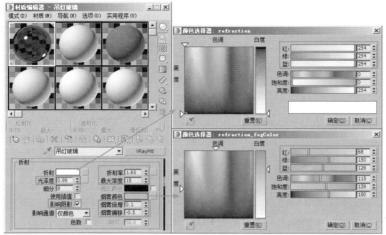

图 9-50

**04** 制作完成的吊灯玻璃材质球效果如图9-51所示。

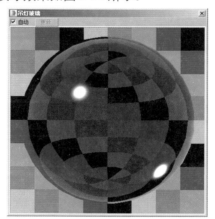

图 9-51

### 9.3.8 制作环境材质

本例中所表现出来的环境材质效果如图9-52所示。

图 9-52

**01** 打开"材质编辑器"对话框，选择一个空白的材质球设置为"VR-灯光材质"，将其重命名为"环境"，如图9-53所示。

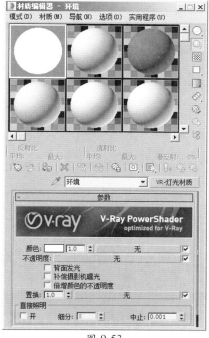

图 9-53

**02** 在"颜色"的贴图通道上加载一张"园林.jpg"图像文件，并设置"颜色"的强度为80，并取消勾选"使用真实世界比例"复选项，如图9-54所示。

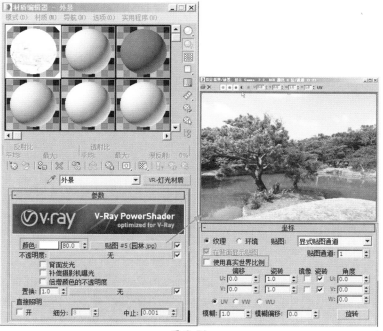

图 9-54

**03** 调整完成的环境材质球效果如图 9-55 所示。

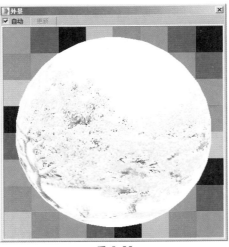

图 9-55

# 9.4 制作日光室内照明效果

本案例为室内效果的日景表现,阳光透过宽大的落地窗洒落在沙发、地毯、木桌及地面上,给人感觉温馨、舒适。下面就来讲解一下灯光的位置设置及具体参数。

**01** 打开场景文件,将视图设置为"前"视图。在创建"灯光"面板中,将下拉列表切换至 VRay,单击"VR- 太阳"按钮,在场景中创建一个"VR- 太阳",灯光的位置调整如图 9-56 所示。

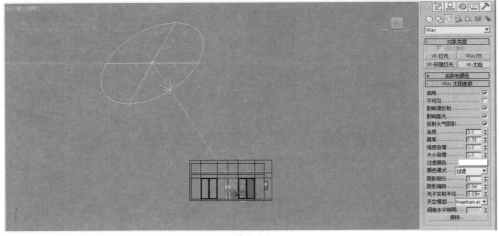

图 9-56

**02** 创建"VR- 太阳"灯光时,系统会自动弹出"VRay 太阳"对话框,询问"你想自动添加一张 VR 天空环境贴图吗?",单击"是"按钮 ,完成环境贴图的创建,如图 9-57 所示。

图 9-57

03 按下快捷键 T，将视图切换为"顶"视图。调整"VR- 太阳"灯光的位置如图 9-58 所示，完成本案例的灯光设置。

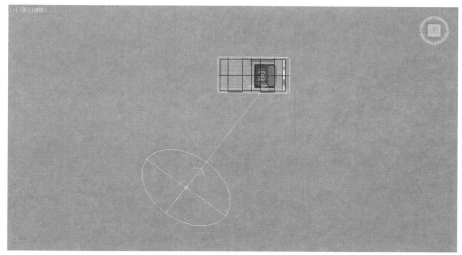

图 9-58

## 9.5　制作摄影机

01 在创建"摄影机"面板中，将下拉列表切换至 VRay，单击"VR- 物理摄影机"按钮，在"顶"视图中创建一个带有目标点的 VR- 物理摄影机，如图 9-59 所示。

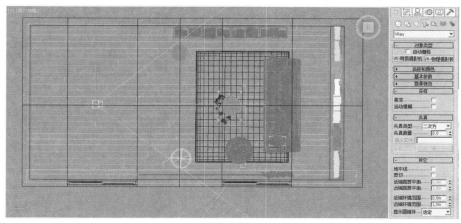

图 9-59

02 按下快捷键 F，在"前"视图中，调整摄影机的位置如图 9-60 所示。

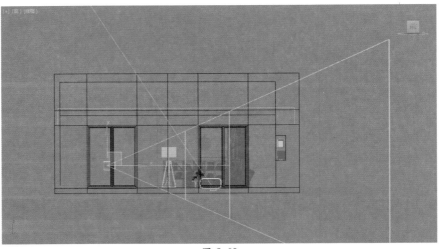

图 9-60

**03** 按下快捷键 C，进入"摄影机"视图，在"修改"面板中，调整摄影机的"胶片规格（mm）"的值为 61.765，如图 9-61 所示，完成摄影机的创建。

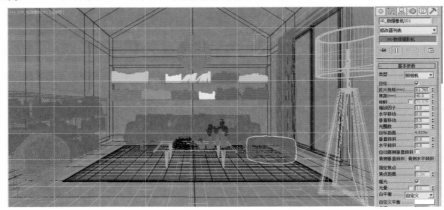

图 9-61

**04** 在"修改"面板中，取消勾选"光晕"复选框，设置"自定义平衡"的颜色为白色（红：255，绿：255，蓝：255），设置"快门速度（S ^ -1）"值为 100，如图 9-62 所示。

图 9-62

# 9.6　渲染输出

### 9.6.1　渲染设置

在本章节中，我们开始进行"渲染设置"面板的参数调整。

**01** 单击"主工具栏"上的"渲染设置"图标，打开"渲染设置"面板，本场景中的渲染器已经设置为 VRay 渲染器，如图 9-63 所示。

图 9-63

**02** 在 GI 选项卡内，单击展开"全局照明"卷展栏，在"专家模式"中，勾选"启用全局照明（GI）"复选项，并设置"首次引擎"为"发光图"，"二次引擎"为"灯光缓存"，设置"饱和度"的值为 0.2，如图 9-64 所示。

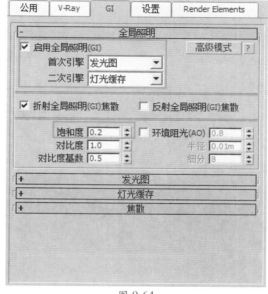

图 9-64

**03** 单击展开"发光图"卷展栏，在"基本模式"中，设置"当前预设"为"自定义"选项，设置"最小速率"的值为 -2，设置"最大速率"的值为 -1，如图 9-65 所示。

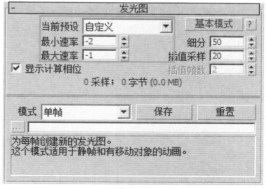

图 9-65

**04** 单击展开"灯光缓存"卷展栏，在"基本模式"中，设置"细分"的值为 1100，如图 9-66 所示。

图 9-66

**05** 在 V-Ray 选项卡内，单击展开"图像采样器（抗锯齿）"卷展栏，将"类型"设置为"自适应"，设置"过滤器"为 Catmull-Rom，以得到更加清晰的图像渲染效果，如图 9-67 所示。

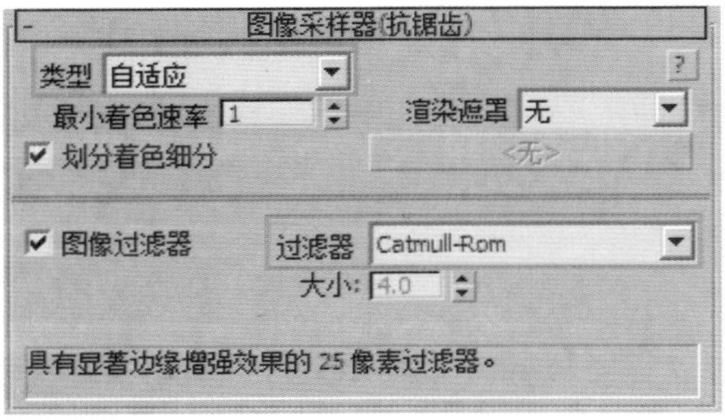

图 9-67

**06** 单击展开"自适应图像采样器"卷展栏，设置"最小细分"的值为 1，设置"最大细分"的值为 8，如图 9-68 所示。

图 9-68

**07** 单击展开"全局确定性蒙特卡洛"卷展栏，设置"自适应数量"的值为 0.75，设置"全局细分倍增"的值为 5.0，如图 9-69 所示。

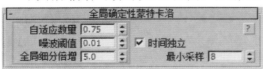

图 9-69

**08** 单击展开"帧缓冲区"卷展栏，勾选"启用内置帧缓冲区"复选项，如图 9-70 所示。

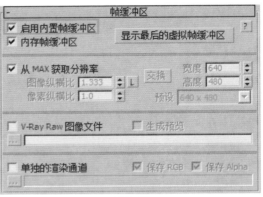

图 9-70

**09** 在"公用"选项卡中，设置最终图像渲染的尺寸，在"输出大小"组内，将"宽度"调整为 1500，将"高度"调整为 900，如图 9-71 所示。

图 9-71

**10** 设置完成后，渲染场景，渲染结果如图 9-72 所示。

图 9-72

## 9.6.2　后期调整

接下来，我们对渲染完成的图像进行一下轻微的后期处理，调整一下图像的亮度及层次感。

**01** 单击 V-Ray 帧缓冲器下方的 Show corrections control（显示校正控制）按钮 ▦，打开 Color corrections（色彩校正）对话框，如图 9-73 所示。

图 9-73

**02** 在 Color corrections（色彩校正）对话框中，勾选 Exposure（曝光）复选项，设置 Exposure（曝光）的值为 1.33，略微提高图像的明亮程度。设置 Contrast（对比度）的值为 0.35，则可以加强图像的对比度，提高图像的层次感，如图 9-74 所示。

图 9-74

**03** 设置完成后，图像的最终调整效果如图 9-75 所示。

图 9-75

# 第 10 章

## 法式风情别墅外观表现

## 10.1　项目分析

　　法式别墅长久以来以其自然、浪漫、田园式的风格吸引人们的关注，配合其开放式的庭院设计，给人以扑面而来的视觉享受。本项目案例为法式别墅的外观表现，图 10-1 所示为本案例的渲染效果表现图；图 10-2 所示为本案例的线框渲染图。

图 10-1

图 10-2

## 10.2　模型检查

　　在对模型进行材质赋予及灯光设置之前，先检查一下场景模型是很有必要的。模型检查时，场景内不需要添加灯光，通过对场景文件进行简单的渲染设置，可以检测模型是否有重面、破面及漏光等现象。下面，就来详细讲解一下模型检查的主要步骤。

**01** 启动 3ds Max 软件，打开本案例场景文件，如图 10-3 所示。

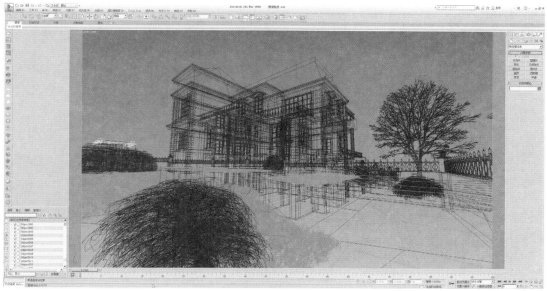

图 10-3

**02** 按下快捷键 M，打开"材质编辑器"面板，选择一个空白材质球，并将其设置为 VRayMtl 材质，并将"漫反射"的颜色设置为白色（红：252，绿：252，蓝：252），如图 10-4 所示。

**03** 单击"主工具栏"上的"渲染设置"按钮，打开"渲染设置"面板，将渲染器设置为 VRay 渲染器，如图 10-5 所示。

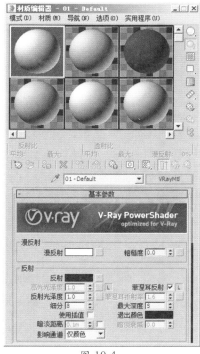

图 10-4

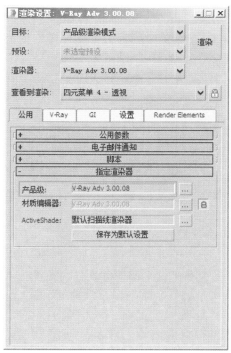

图 10-5

**04** 在 V-Ray 选项卡中，单击展开"全局开关"卷展栏，勾选"覆盖材质"复选项，并将之前调好的白色材质球拖曳至"覆盖材质"下方的按钮上，如图 10-6 所示。

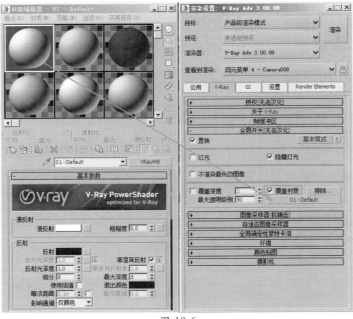

图 10-6

**05** 在 GI 选项卡内，单击展开"全局照明"卷展栏，在"高级模式"中，勾选"启用全局照明（GI）"复选项，并设置"首次引擎"为"发光图"，"二次引擎"为"灯光缓存"，设置"饱和度"的值为 0.3，如图 10-7 所示。

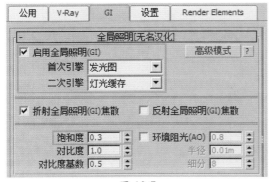

图 10-7

**06** 单击展开"发光图"卷展栏，在"基本模式"中，设置"当前预设"为"自定义"选项，设置"最小速率"的值为 -2，设置"最大速率"的值为 -2，如图 10-8 所示。

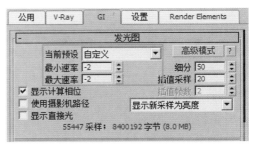

图 10-8

**07** 在 V-Ray 选项卡内，单击展开"图像采样器（抗锯齿）"卷展栏，设置"过滤器"为 Catmull-Rom，以得到更加清晰的图像渲染效果，如图 10-9 所示。

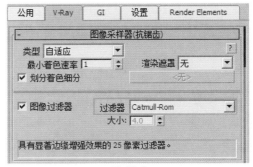

图 10-9

08　单击展开"环境"卷展栏，勾选"全局照明（GI）环境"选项，并设置"颜色"的强度为3.0，如图 10-10 所示。

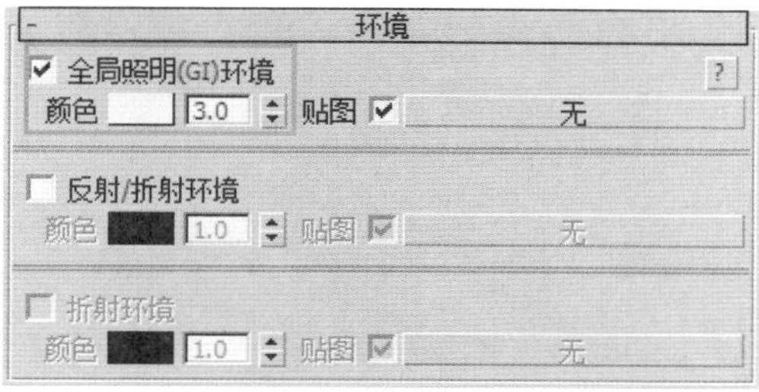

图 10-10

09　设置完成后，渲染当前场景，即可通过白模渲染来检查场景中的模型，渲染结果如图 10-11 所示。

图 10-11

## 10.3　制作材质

本案例的主要材质包括砖墙材质、水泥材质、铸铁材质、植物叶片材质等。

### 10.3.1　制作砖墙材质

本例中所表现出来的砖墙材质效果如图 10-12 所示。

图 10-12

**01** 打开"材质编辑器"对话框,选择一个空白的材质球,设置为 VRayMtl 材质,将其重命名为"砖墙",如图 10-13 所示。

图 10-13

**02** 在"材质编辑器"面板中的"基本参数"卷展栏内,设置"漫反射"的颜色为黄色(红:226,绿:167,蓝:7),在"漫反射"的贴图通道上加载一张"红色砖墙 .jpg"贴图文件,并取消勾选"使用真实世界比例"复选项,如图 10-14 所示。

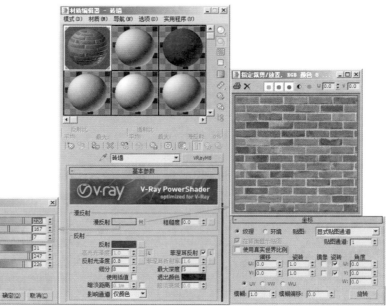

图 10-14

**03** 在"反射"组中,设置"反射"的颜色为灰色(红:30,绿:30,蓝:30),调整"反射光泽度"

的值为 0.8，设置反射的"细分"值为 24，提高反射的计算精度，如图 10-15 所示。

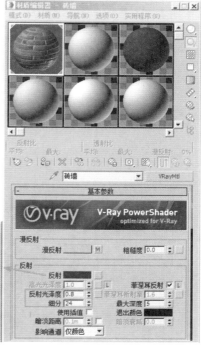

图 10-15

04 单击展开"贴图"卷展栏，设置"漫反射"的值为 83，这样原本红色的砖墙贴图会与之前调的"漫反射"的颜色做一个百分比混合，而变为橙色的砖墙贴图。将"漫反射"贴图通道上的贴图拖曳至"凹凸"的贴图通道中，并设置"凹凸"的强度为 -100，制作出砖墙材质的凹凸质感纹理，如图 10-16 所示。

05 制作完成的砖墙材质球如图 10-17 所示。

| 贴图 | | | |
|---|---|---|---|
| 漫反射 | 83.0 | ✓ | 贴图 #2 (红色砖墙.jpg) |
| 粗糙度 | 100.0 | ✓ | 无 |
| 自发光 | 100.0 | ✓ | 无 |
| 反射 | 100.0 | ✓ | 无 |
| 高光光泽 | 100.0 | ✓ | 无 |
| 反射光泽 | 100.0 | ✓ | 无 |
| 菲涅耳折射率 | 100.0 | ✓ | 无 |
| 各向异性 | 100.0 | ✓ | 无 |
| 各向异性旋转 | 100.0 | ✓ | 无 |
| 折射 | 100.0 | ✓ | 无 |
| 光泽度 | 100.0 | ✓ | 无 |
| 折射率 | 100.0 | ✓ | 无 |
| 半透明 | 100.0 | ✓ | 无 |
| 烟雾颜色 | 100.0 | ✓ | 无 |
| 凹凸 | -100.0 | ✓ | Map #2 (红色砖墙.jpg) |
| 置换 | 100.0 | ✓ | 无 |
| 不透明度 | 100.0 | ✓ | 无 |
| 环境 | | ✓ | 无 |

图 10-16

图 10-17

### 10.3.2 制作水泥材质

本例中所表现出来的水泥材质效果如图 10-18 所示。

图 10-18

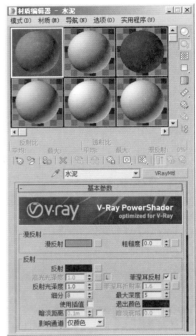

图 10-19

**01** 打开"材质编辑器"对话框，选择一个空白的材质球设置为 VRayMtl 材质，将其重命名为"水泥"，如图 10-19 所示。

**02** 在"材质编辑器"面板中的"基本参数"卷展栏内，在"漫反射"的贴图通道上加载一张"水泥贴图 .jpg"贴图文件，并取消勾选"使用真实世界比例"复选项，如图 10-20 所示。

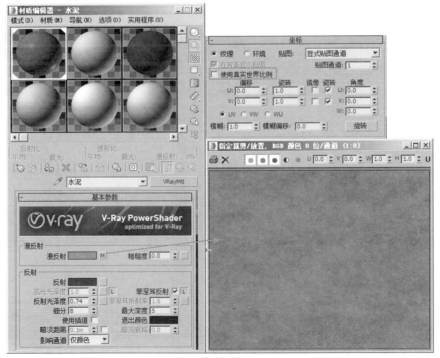

图 10-20

**03** 在"反射"组中，设置"反射"的颜色为灰色（红：30，绿：30，蓝：30），调整"反射光泽度"的值为 0.74，设置反射的"细分"值为 32，提高反射的计算精度，如图 10-21 所示。

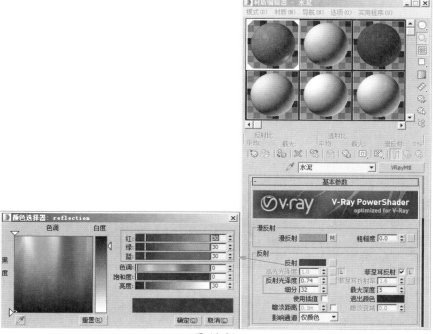

图 10-21

**04** 单击展开"贴图"卷展栏，将"漫反射"贴图通道上的贴图拖曳至"凹凸"的贴图通道中，并设置"凹凸"的强度为 200，制作出水泥材质的凹凸质感纹理，如图 10-22 所示。

**05** 制作完成的水泥材质球如图 10-23 所示。

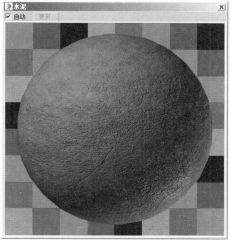

图 10-22          图 10-23

### 10.3.3 制作铸铁材质

本例中所表现出来的铸铁材质效果如图 10-24 所示。

图 10-24

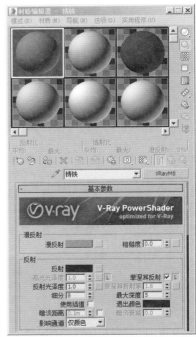

图 10-25

**01** 打开"材质编辑器"对话框，选择一个空白的材质球，设置为 VRayMtl 材质，将其重命名为"铸铁"，如图 10-25 所示。

**02** 在"材质编辑器"面板中的"基本参数"卷展栏内，调整"漫反射"的颜色为深灰色（红：39，绿：39，蓝：39），调整"反射"的颜色为深灰色（红：20，绿：20，蓝：20），设置"反射光泽度"的值为 0.86，如图 10-26 所示。

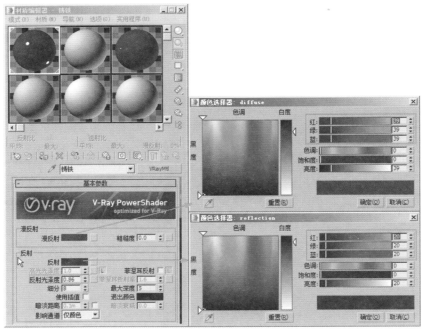

图 10-26

**03** 单击展开"贴图"卷展栏，在"凹凸"通道上添加"噪波"程序纹理贴图，并设置噪波的"大小"值为 0.1，同时，设置"凹凸"贴图的强度为 30，如图 10-27 所示。

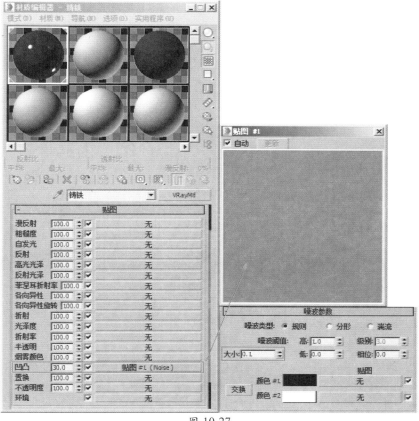

图 10-27

**04** 制作完成的铸铁材质球效果如图 10-28 所示。

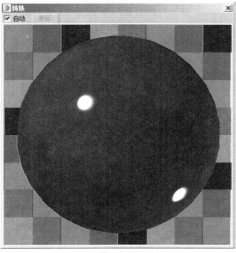

图 10-28

### 10.3.4　制作叶片材质

本例中所表现出来的叶片材质效果如图 10-29 所示。

图 10-29

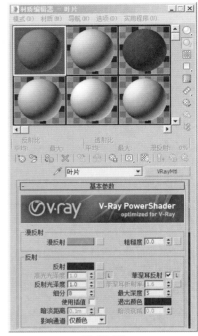

01 打开"材质编辑器"对话框，选择一个空白的材质球，设置为 VRayMtl 材质，将其重命名为"叶片"，如图 10-30 所示。

图 10-30

02 在"材质编辑器"面板中的"基本参数"卷展栏内，在"漫反射"的贴图通道上加载一张"植物叶片贴图 .jpg"贴图文件，并取消勾选"使用真实世界比例"复选项，如图 10-31 所示。

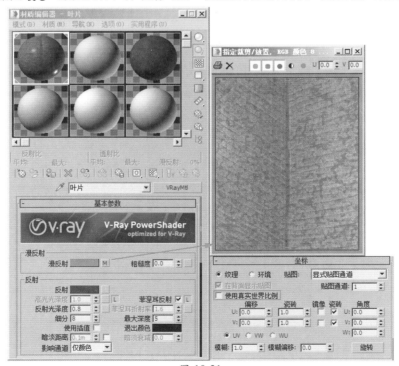

图 10-31

**03** 在"反射"组中，设置"反射"的颜色为灰色（红：45，绿：45，蓝：45），调整"反射光泽度"的值为 0.8，制作出叶片上的高光及反射效果，如图 10-32 所示。

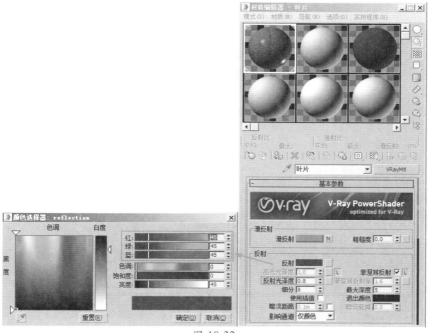

图 10-32

**04** 单击展开"贴图"卷展栏，将"漫反射"贴图通道上的贴图拖曳至"凹凸"的贴图通道中，并设置"凹凸"的强度为 30，制作出叶片材质的凹凸质感纹理，如图 10-33 所示。

**05** 制作完成后的叶片材质球如图 10-34 所示。

| 贴图 | | |
|---|---|---|
| 漫反射 | 100.0 ☑ | 贴图 #3 (植物叶片贴图.jpg) |
| 粗糙度 | 100.0 ☑ | 无 |
| 自发光 | 100.0 ☑ | 无 |
| 反射 | 100.0 ☑ | 无 |
| 高光光泽 | 100.0 ☑ | 无 |
| 反射光泽 | 100.0 ☑ | 无 |
| 菲涅耳折射率 | 100.0 ☑ | 无 |
| 各向异性 | 100.0 ☑ | 无 |
| 各向异性旋转 | 100.0 ☑ | 无 |
| 折射 | 100.0 ☑ | 无 |
| 光泽度 | 100.0 ☑ | 无 |
| 折射率 | 100.0 ☑ | 无 |
| 半透明 | 100.0 ☑ | 无 |
| 烟雾颜色 | 100.0 ☑ | 无 |
| 凹凸 | 30.0 ☑ | 贴图 #4 (植物叶片贴图.jpg) |
| 置换 | 100.0 ☑ | 无 |
| 不透明度 | 100.0 ☑ | 无 |
| 环境 | ☑ | 无 |

图 10-33

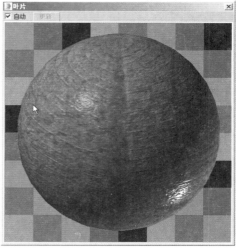

图 10-34

## 10.4　制作日光室外照明效果

本案例所要表现的灯光效果为下午时分的阳光直射照明效果，所以在灯光的选择上使用 VRay 提供的"VR- 太阳"灯光来作为场景的照明灯光，具体操作步骤如下。

**01** 开场景文件，将视图设置为"前"视图。在创建"灯光"面板中，将下拉列表切换至 VRay，单击"VR- 太阳"按钮，在场景中创建一个"VR- 太阳"，灯光的位置调整如图 10-35 所示。

图 10-35

**02** 创建"VR- 太阳"灯光时，系统会自动弹出"VRay 太阳"对话框，询问"你想自动添加一张 VR 天空环境贴图吗？"，单击"是"按钮 [是(Y)]，完成环境贴图的创建，如图 10-36 所示。

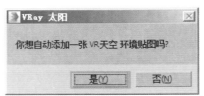

图 10-36

**03** 按下快捷键 T，将视图切换为"顶"视图。调整"VR- 太阳"灯光的位置，如图 10-37 所示。

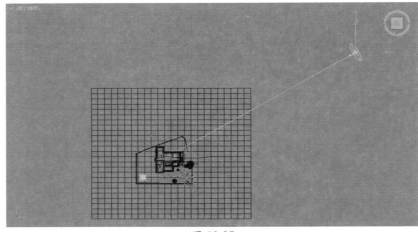

图 10-37

**04** 选择"VR- 太阳"灯光，在"修改"面板中，调整"强度倍增"的值为 0.05，降低"VR-太阳"灯光的光照强度，完成本案例的灯光设置，如图 10-38 所示。

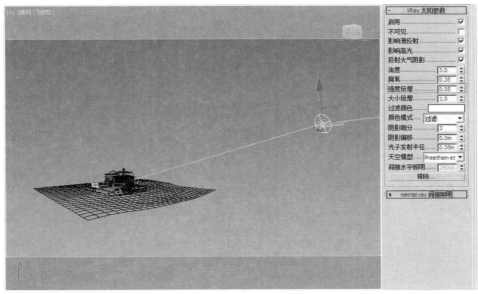

图 10-38

## 10.5　制作摄影机

**01** 在创建"摄影机"面板中，单击"目标"按钮，在"顶"视图中创建一个带有目标点的摄影机，如图 10-39 所示。

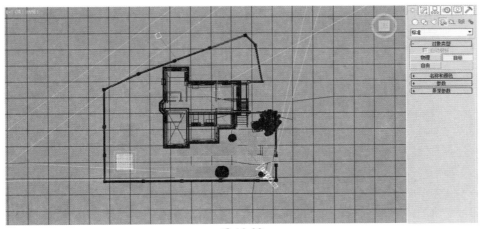

图 10-39

**02** 按下快捷键 F，在"前"视图中，调整摄影机及摄影机目标点的位置至图 10-40 所示。

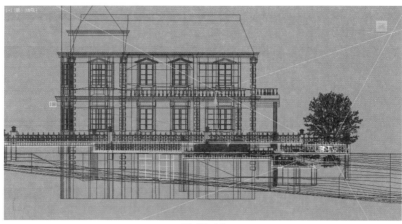

图 10-40

**03** 按下快捷键 C，调整摄影机的拍摄角度至图 10-41 所示。

图 10-41

**04** 在"修改"面板中，调整摄影机的"视野"值为 14.456，如图 10-42 所示，完成摄影机的制作。

图 10-42

# 10.6 渲染输出

## 10.6.1 渲染设置

在本章节中，我们开始进行"渲染设置"面板的参数调整。

**01** 单击"主工具栏"上的"渲染设置"图标，打开"渲染设置"面板，本场景中的渲染器已经设置为 VRay 渲染器，如图 10-43 所示。

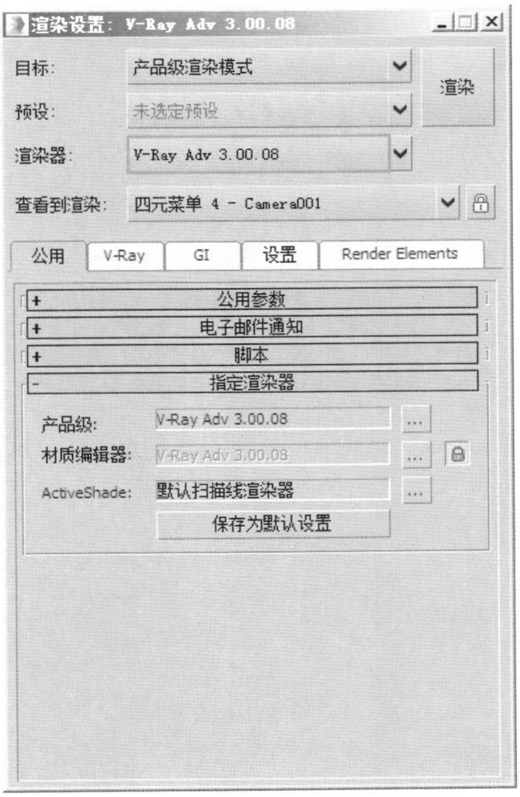

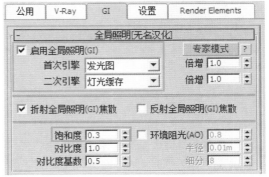

图 10-43

**02** 在 GI 选项卡内，单击展开"全局照明"卷展栏，在"专家模式"中，勾选"启用全局照明（GI）"复选项，并设置"首次引擎"为"发光图"，"二次引擎"为"灯光缓存"，设置"饱和度"的值为 0.3，如图 10-44 所示。

**03** 单击展开"发光图"卷展栏，在"基本模式"中，设置"当前预设"为"自定义"选项，设置"最小速率"的值为 -2，设置"最

大速率"的值为 -2，如图 10-45 所示。

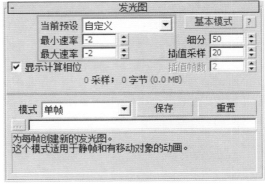

图 10-44

图 10-45

**04** 单击展开"灯光缓存"卷展栏，在"基本模式"中，设置"细分"的值为 1200，如图 10-46 所示。

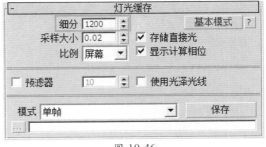

图 10-46

**05** 在 V-Ray 选项卡内，单击展开"图像采样器（抗锯齿）"卷展栏，将"类型"设置为"自适应"，设置"过滤器"为"区

域"，调整"大小"的值为1.0，以得到更加清晰的图像渲染效果，如图10-47所示。

图 10-47

06 单击展开"自适应图像采样器"卷展栏，设置"最小细分"的值为2，设置"最大细分"的值为8，如图10-48所示。

图 10-48

07 单击展开"全局确定性蒙特卡洛"卷展栏，设置"自适应数量"的值为0.65，设置"全局细分倍增"的值为1.0，如图10-49所示。

图 10-49

08 单击展开"帧缓冲区"卷展栏，勾选"启用内置帧缓冲区"选项，如图10-50所示。

图 10-50

09 单击展开"颜色贴图"卷展栏，设置"类型"为"指数"，设置"暗部倍增"的值为2.5，设置"明亮倍增"的值为3.0，如图10-51所示。

图 10-51

10 在"公用"选项卡中，设置最终图像渲染的尺寸，在"输出大小"组内，将"宽度"调整为1500，将"高度"调整为900，如图10-52所示。

图 10-52

11 设置完成后，渲染场景，渲染结果如图10-53所示。

图 10-53

⓬ 本项目案例中，使用的是 VRay 的"VR- 太阳"灯光，并配合 3ds Max 所提供的"目标"摄影机来完成渲染的制作。由于使用了"VR- 太阳"灯光，那么"VR- 太阳"灯光的灯光位置及与地面之间的角度对场景的渲染影响就显得分外重要。当我们对场景中的光线不太满意时，比较简单常用的方法就是可以通过调整场景中"VR- 太阳"灯光位置来控制渲染的结果。在"前"视图中，选择场景中的"VR- 太阳"灯光，调整其位置至图 10-54 所示。降低灯光的位置，缩小灯光与地面的角度，这样可以渲染出黄昏时段的外景效果。

图 10-54

⓭ 渲染场景，渲染结果如图 10-55 所示。

图 10-55

**14** 在"顶"视图中，调整"VR-太阳"灯光的位置至图10-56所示，还可以控制地面上围栏的投影位置及天空渐变色的细节变化。

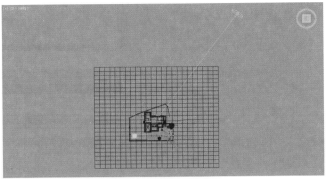

图 10-56

**15** 设置完成后，渲染场景，渲染结果如图10-57所示。

图 10-57

### 10.6.2 后期调整

接下来，我们对渲染完成的图像进行一下轻微的后期处理，调整一下图像的色彩及层次感。

**01** 单击V-Ray帧缓冲器下方的Show corrections control（显示校正控制）按钮 ，打开Color corrections（色彩校正）对话框，如图10-58所示。

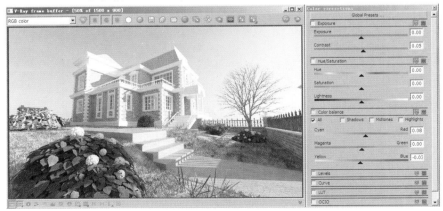

图 10-58

**02** 在 Color corrections（色彩校正）对话框中，勾选 Exposure（曝光）复选项，设置 Contrast（对比度）的值为 0.05，则可以加强图像的对比度，提高图像的层次感，如图 10-59 所示。

图 10-59

**03** 在 Color balance（色彩平衡）对话框中，调整 Cyan/Red（青色 / 红色）的值为 0.08，调整 Yellow/Blue（黄色 / 蓝色）的值为 -0.03，使得图像的色彩偏暖一些，如图 10-60 所示。

图 10-60

**04** 设置完成后，图像的最终调整效果如图 10-61 所示。

图 10-61

# 第11章

## 仿古建筑外观表现

## 11.1　项目分析

本项目案例为重庆市地标建筑——重庆市人民大礼堂的建筑外观表现。重庆市人民大礼堂于 1951 年动工建设，于 1954 年完成，1987 年在《比较建筑史》一书中被评为新中国建立后排名第二的国内著名建筑物。其建筑特点沿用了明清两代的古建筑风格，采样中轴线对称式设计，远观宏伟大气、庄严华丽，图 11-1 所示为重庆市人民大礼堂的外观效果表现图。图 11-2 所示为本项目使用 3ds Max 软件完成的模型效果截屏图。

图 11-1

图 11-2

　　本章使用大礼堂正门的局部特写来给读者详细讲述这一近代仿古建筑的外观表现手法，图 11-3 所示为本案例的渲染效果表现图；图 11-4 所示为本案例的线框渲染图。

图 11-3

图 11-4

## 11.2　模型检查

　　在对模型进行材质赋予及灯光设置之前，先检查一下场景模型是很有必要的。模型检查时，场景内不需要添加灯光，通过对场景文件进行简单的渲染设置，可以检测模型是否有重面、破面及漏光等现象。与之前章节中的案例不同，由于本案例所表现的场景为建筑的一个立面，所以在材质上仅给一个白色来进行渲染将很难渲染出场景模型的立体感，不方便对模型起到检查的作用。所以，本案例适合使用线框材质来检查模型。下面，就来详细讲解一下模型检查的主要步骤。

**01** 启动 3ds Max 软件，打开本案例场景文件，如图 11-5 所示。

图 11-5

**02** 按下快捷键 M，打开"材质编辑器"面板，选择一个空白材质球，并将其设置为 VRayMtl 材质，如图 11-6 所示。

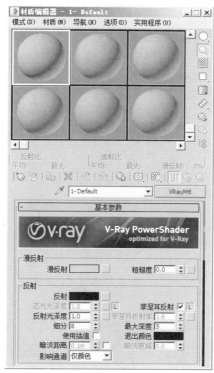

图 11-6

**03** 将"漫反射"的颜色设置为白色（红：255，绿：255，蓝：255），并在"漫反射"的贴图通道上添加一个"VR-边纹理"贴图，设置"VRay边纹理参数"卷展栏内的"颜色"为灰色（红：102，绿：102，蓝：102），调整"像素"的值为 0.5，如图 11-7 所示。

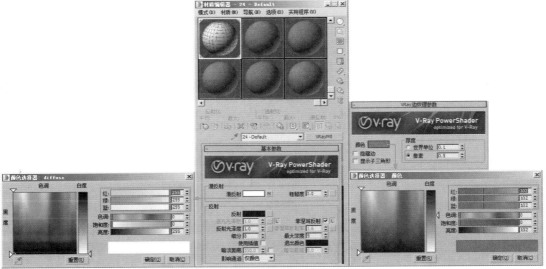

图 11-7

**04** 单击"主工具栏"上的"渲染设置"按钮 ，打开"渲染设置"面板，将渲染器设置为 VRay 渲染器，如图 11-8 所示。

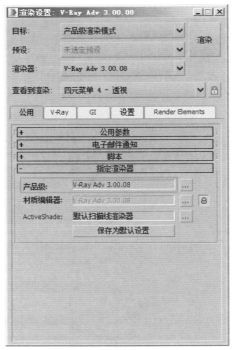

图 11-8

**05** 在 V-Ray 选项卡中，单击展开"全局开关"卷展栏，勾选"覆盖材质"复选项，并将之前调好的白色材质球拖曳至"覆盖材质"下方的按钮上，如图 11-9 所示。

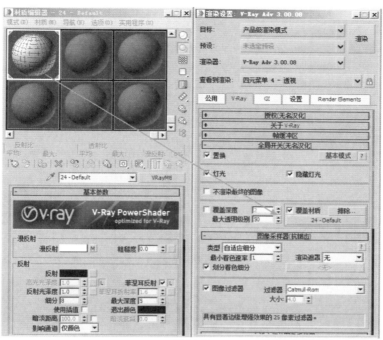

图 11-9

**06** 在 GI 选项卡内，单击展开"全局照明"
卷展栏，在"高家模式"中，勾选"启
用全局照明（GI）"复选项，并设置"首
次引擎"为"发光图"，"二次引擎"
为"灯光缓存"，如图 11-10 所示。

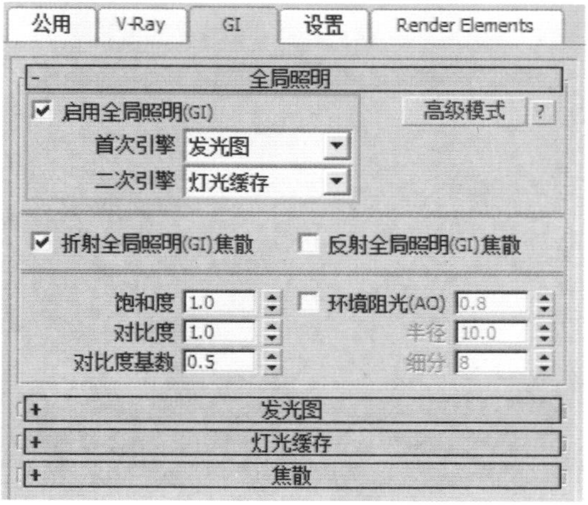

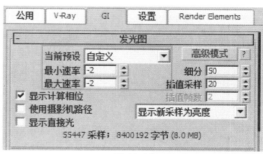

图 11-11

**08** 在 V-Ray 选项卡内，单击展开"图像采
样器（抗锯齿）"卷展栏，设置"过滤器"
为 Catmull-Rom，以得到更加清晰的图
像渲染效果，如图 11-12 所示。

图 11-10

**07** 单击展开"发光图"卷展栏，在"基本模式"
中，设置"当前预设"为"自定义"选项，
设置"最小速率"的值为 -2，设置"最
大速率"的值为 -2，如图 11-11 所示。

图 11-12

09 单击展开"环境"卷展栏,勾选"全局照明(GI)环境"复选项,并设置"颜色"的强度为3.0,如图 11-13 所示。

图 11-13

10 单击展开"全局确定性蒙特卡洛"卷展栏,设置"全局细分倍增"的值为 3.0,如图 11-14 所示。

图 11-14

11 设置完成后,渲染当前场景,即可通过线框渲染来检查场景中的模型,渲染结果如图 11-15 所示。

图 11-15

## 11.3 制作材质

本案例的主要材质包括油漆材质、台阶材质、玻璃材质、金属材质等。

### 11.3.1 制作油漆材质

本例中所表现出来的油漆材质主要表现在前门模型及立柱上,渲染效果如图 11-16 所示。

图 11-16

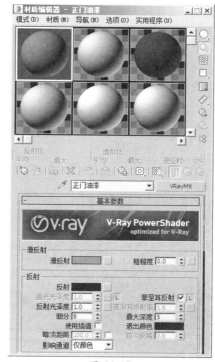

图 11-17

**01** 打开"材质编辑器"对话框，选择一个空白的材质球，设置为 VRayMtl 材质，将其重命名为"正门油漆"，如图 11-17 所示。

**02** 在"材质编辑器"面板中的"基本参数"卷展栏内，调整"漫反射"的颜色为红棕色（红：79，绿：21，蓝：10），调整"反射"的颜色为深灰色（红：8，绿：8，蓝：8），取消勾选"菲涅耳反射"复选项，调整"反射光泽度"的值为 0.69，调整"细分"的值为 32，如图 11-18 所示。

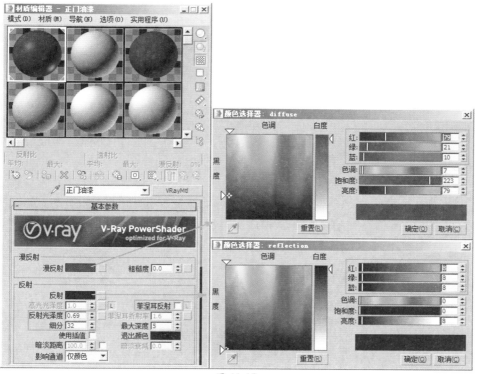

图 11-18

**03** 调整完成后的油漆材质球效果如图 11-19 所示。

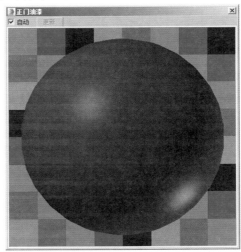

图 11-19

### 11.3.2 制作台阶材质

本例中所表现出来的台阶材质为水泥效果，渲染效果如图 11-20 所示。

图 11-20

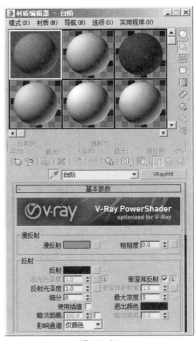

图 11-21

**01** 打开"材质编辑器"对话框，选择一个空白的材质球，设置为 VRayMtl 材质，将其重命名为"台阶"，如图 11-21 所示。

**02** 在"漫反射"的贴图通道上加载一张"水泥 .jpg"贴图文件，调整"反射"的颜色为深灰色（红：23，绿：23，蓝：23），设置"反射光泽度"的值为 0.69，如图 11-22 所示。

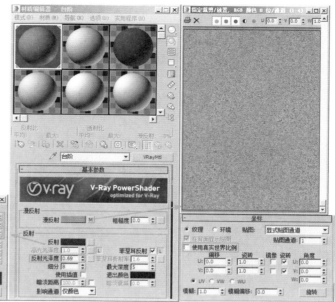

图 11-22

03 单击展开"贴图"卷展栏,将"漫反射"贴图通道上的贴图文件拖曳至"凹凸"的贴图通道上,并设置"凹凸"的强度值为 5.0,制作出台阶上的凹凸质感细节,如图 11-23 所示。

04 制作完成后的台阶材质球效果如图 11-24 所示。

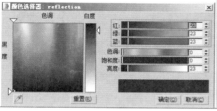

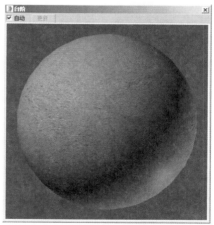

图 11-23                                    图 11-24

### 11.3.3    制作玻璃材质

本例中所表现出来的玻璃材质反射较强,渲染效果如图 11-25 所示。

图 11-25

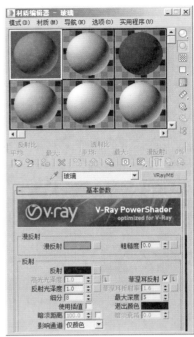

图 11-26

**01** 打开"材质编辑器"对话框，选择一个空白的材质球，设置为 VRayMtl 材质，将其重命名为"玻璃"，如图 11-26 所示。

**02** 在"漫反射"组中，调整"漫反射"的颜色为深灰色（红：23，绿：23，蓝：23）；在"反射"组中，设置"反射"的颜色为灰色（红：81，绿：81，蓝：81），设置"反射光泽度"的值为 0.95，并取消勾选"菲涅耳反射"复选项，如图 11-27 所示。

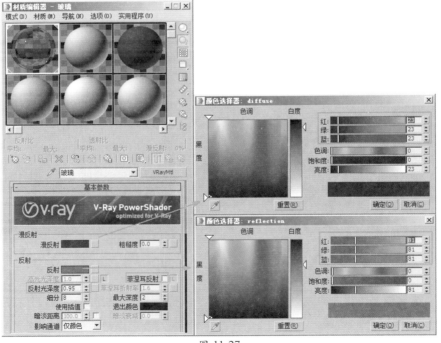

图 11-27

**03** 在"折射"组中，设置"折射"的颜色为浅白色（红：245，绿：245，蓝：245），设置"折射率"的值为 1.6，设置"烟雾颜色"的颜色为浅蓝色（红：254，绿：255，蓝：255），设置"烟雾倍增"的值为 0.3，并勾选"影响阴影"复选项，如图 11-28 所示。

图 11-28

**04** 调整完成的玻璃材质球效果如图 11-29 所示。

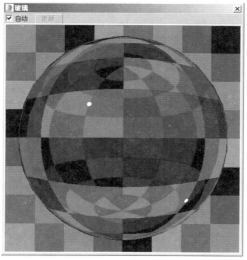

图 11-29

### 11.3.4 制作金属材质

本例中所表现出来的金属材质为前门立柱上的铜灯材质效果，渲染效果如图 11-30 所示。

图 11-30

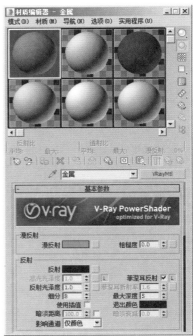

**01** 打开"材质编辑器"对话框，选择一个空白的材质球，设置为 VRayMtl 材质，将其重命名为"金属"，如图 11-31 所示。

图 11-31

**02** 在"漫反射"组中，调整"漫反射"的颜色为暗黄色（红：167，绿：121，蓝：23）；在"反射"组中，设置"反射"的颜色为黄色（红：192，绿：145，蓝：45），并设置"反射光泽度"的值为 0.75，控制金属材质球表面的高光及模糊反射，如图 11-32 所示。

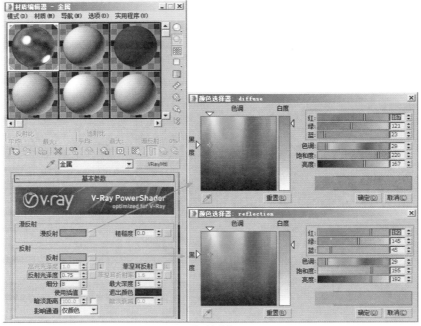

图 11-32

**03** 制作好的金属材质球效果如图 11-33 所示。

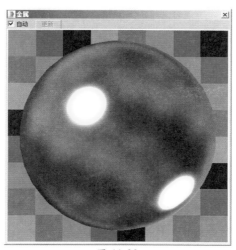

图 11-33

## 11.4 制作灯光及摄影机

本项目案例使用 VRay 的"VR- 太阳"及"VR- 物理摄影机"来进行渲染。

### 11.4.1 制作灯光

本案例的表现仅为建筑的一个立面，所以在灯光布置上应重点考虑灯光的位置及照射角度，以合适的投影来体现出建筑立面的体积感。

**01** 打开场景文件，将视图设置为"前"视图。在创建"灯光"面板中，将下拉列表切换至 VRay，单击"VR- 太阳"按钮，在场景中创建一个"VR- 太阳"，灯光的位置调整图 11-34 所示。

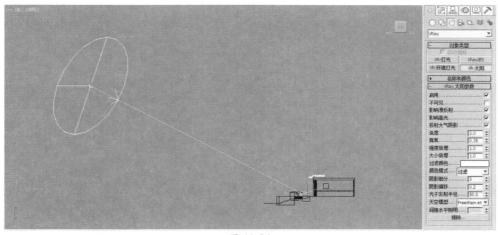

图 11-34

**02** 创建"VR- 太阳"灯光时，系统会自动弹出"VRay 太阳"对话框，询问"你想自动添加一张 VR 天空环境贴图吗？"，单击"是"按钮 是(Y)，完成环境贴图的创建，如图 11-35 所示。

图 11-35

**03** 按下快捷键 T，将视图切换为"顶"视图。调整"VR- 太阳"灯光的位置，如图 11-36 所示，完成本案例的灯光设置。

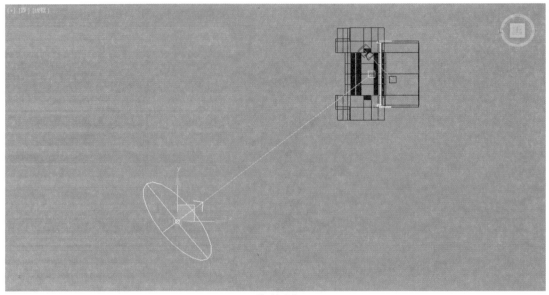

图 11-36

**04** 在"修改"面板中，调整灯光的"大小倍增"值为 4.0，这样可以在渲染场景时，对建筑的投影进行适当的虚化投影效果渲染，如图 11-37 所示。

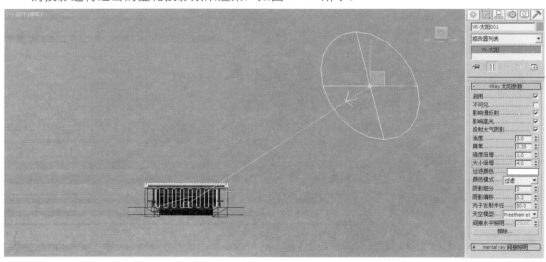

图 11-37

**05** 图 11-38 所示为灯光"大小倍增"值是 1.0 和 4.0 的渲染阴影效果对比。

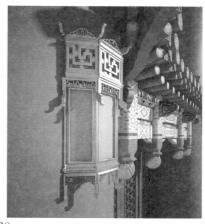

图 11-38

## 11.4.2 制作摄影机

**01** 在创建"摄影机"面板中，将下拉列表切换至 VRay，单击"VR- 物理摄影机"按钮，在"顶"视图中创建一个带有目标点的 VR- 物理摄影机，如图 11-39 所示。

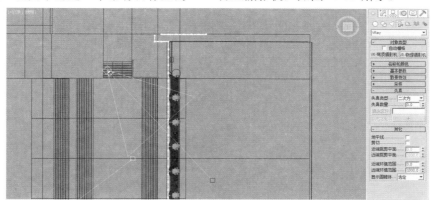

图 11-39

**02** 按下快捷键 F，在"前"视图中，调整摄影机的位置，如图 11-40 所示。

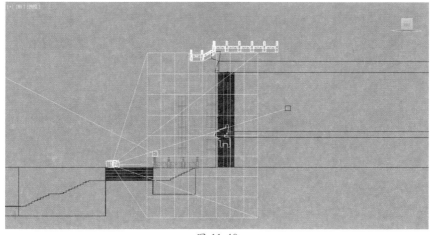

图 11-40

**03** 按下快捷键C，进入"摄影机"视图，在"修改"面板中，调整摄影机的"胶片规格（mm）"的值为8.269，并单击"猜测垂直倾斜"按钮，如图11-41所示。

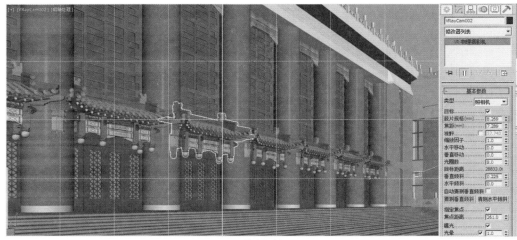

图 11-41

**04** 在"修改"面板中，设置"自定义平衡"的颜色为浅黄色（红：254，绿：234，蓝：198），这样可以控制渲染出来的图像偏蓝色多一点，适合表现清晨时分的渲染效果。设置"快门速度（S ^ -1）"值为180，可以适当控制场景的明亮程度，如图11-42所示。

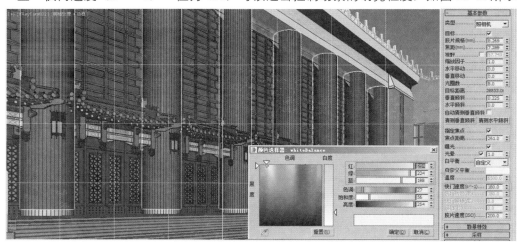

图 11-42

 **11.5　渲染输出**

### 11.5.1　渲染设置

在本章节中，我们开始进行"渲染设置"面板的参数调整。

**01** 单击"主工具栏"上的"渲染设置"图标，打开"渲染设置"面板，本场景中的渲染器已经设置为 VRay 渲染器，如图11-43所示。

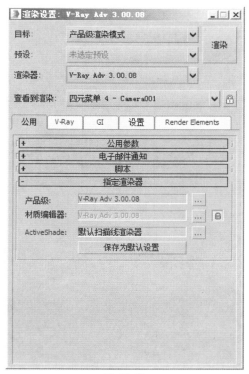

图 11-43

**02** 在 GI 选项卡内，单击展开"全局照明"
卷展栏，在"高级模式"中，勾选"启
用全局照明（GI）"复选项，并设置"首
次引擎"为"发光图"，"二次引擎"
为"灯光缓存"，设置"饱和度"的值
为 0.2，如图 11-44 所示。

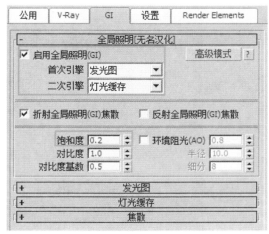

图 11-44

**03** 单击展开"发光图"卷展栏，在"基本模式"
中，设置"当前预设"为"自定义"选项，

设置"最小速率"的值为 -2，设置"最
大速率"的值为 -2，如图 11-45 所示。

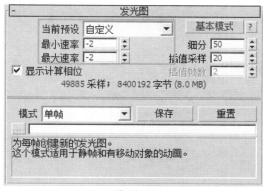

图 11-45

**04** 在 V-Ray 选项卡内，单击展开"图像采
样器（抗锯齿）"卷展栏，设置"过滤器"
为 Catmull-Rom，以得到更加清晰的图
像渲染效果，如图 11-46 所示。

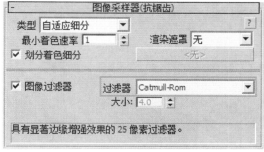

图 11-46

**05** 单击展开"颜色贴图"卷展栏，设置"类
型"为"指数"，设置"暗部倍增"的
值为 1.0，设置"明亮倍增"的值为 1.0，
如图 11-47 所示。

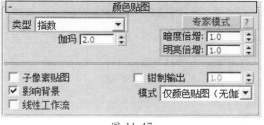

图 11-47

**06** 单击展开"全局确定性蒙特卡洛"卷展
栏，设置"自适应数量"的值为 0.85，
设置"全局细分倍增"的值为 3.0，如
图 11-48 所示。

# 渲染王3ds Max/VRay项目案例表现技术精粹

图 11-48

**07** 单击展开"帧缓冲区"卷展栏,勾选"启用内置帧缓冲区"复选项,如图 11-49 所示。

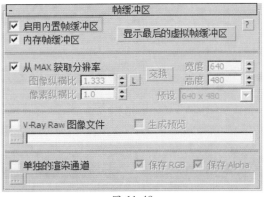

图 11-49

**08** 在"公用"选项卡中,设置最终图像渲染的尺寸,在"输出大小"组内,将"宽度"调整为 1500,将"高度"调整为 900,如图 11-50 所示。

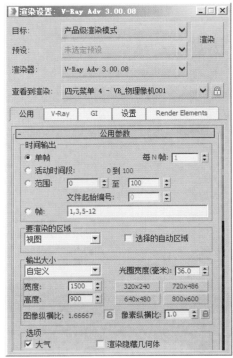

图 11-50

**09** 设置完成后,渲染场景,渲染结果如图 11-51 所示。

图 11-51

## 11.5.2 后期调整

接下来,我们对渲染完成的图像进行一下轻微的后期处理,调整一下图像的色彩及层次感。

**01** 单击 V-Ray 帧缓冲器下方的 Show corrections control(显示校正控制)按钮 ,打开 Color corrections(色彩校正)面板,如图 11-52 所示。

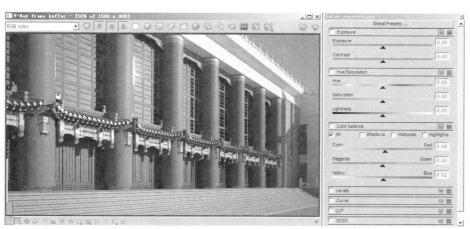

图 11-52

**02** 在 Color balance（色彩平衡）对话框中，调整 Cyan/Red（青色 / 红色）的值为 0.06，调整 Yellow/Blue（黄色 / 蓝色）的值为 0.02，如图 11-53 所示。

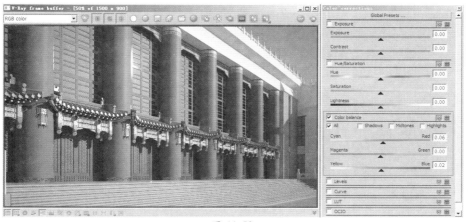

图 11-53

**03** 在 Color corrections（色彩校正）对话框中，勾选 Curve（曲线）复选项，并调整曲线至图 11-54 所示，提高渲染图像的明亮程度。

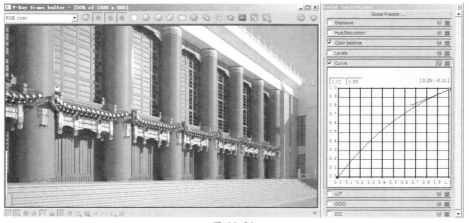

图 11-54

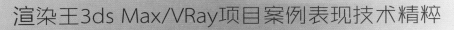
**04** 最终图像的调整完成效果如图 11-55 所示。

图 11-55